桐で創る低炭素社会

黒岩陽一郎 著

海青社

出版を決意させたもの

　『桐の超能力』を著した(故)森崎勉氏がご存命であれば、これ以上時間を掛けてはいられない地球温暖化防止が人類にとって最大の課題となっている現在、最も速く、かつ、有効な手段として、桐森林の世界への拡大と、住宅向け建材を主とした大量の活用を誰よりも大声で叫ばれていたはずである。惜しくも CO_2（二酸化炭素）削減と低炭素化社会構築の必要性が今ほど世界の課題にはならなかった平成初期に、話題としても広がらなかった1冊の本を残し他界されてしまった。

　私は、1989(平成元)年より、木製防火扉を我国に提唱し、火に対する木の安全性を実証して来た。建築基準法改訂による市場拡大に伴い、「扉の軽量化を追及しながら安定した耐火性を求める」との相反するテーマに取り組んできた。その最中、桐に遭遇した。いかなる木材よりも軽量ながら、耐火性、断熱性に優れ、国交省の定める60分耐火扉(特定防火設備)、20分耐火扉(防火設備)の芯材として、桐を用いる事により、次々と認定試験をクリアーした。次々と表現したのは、平均850℃で60分間というISO(国際標準化機構)基準の苛酷な耐火試験をクリアーするには、桐だけで55mmの厚さの扉にとどめる事はさすがに不可能だったことと、各クライアントの独自性を出すため、何種類もの不燃材との組合せによる試験を行ったためである。共通点は、芯材には必ず桐を使用した事である。これは桐が家具・工芸品から工業用品(建築材料)へと大きく脱皮し、これまで従来からの活用の歴史と認識を拡大する大いなる進化への一歩であった。

　桐がもつ他の木材にない特性が科学的に明らかになる度に、先人達の知恵に頭が下がり、宇宙をも想像させるミクロの世界も覗きながら学習した。

　ひょっとしたら桐が温暖化で病む地球を救う事が出来るかも知れないとの発想が浮んで来た。

　長期優良住宅が行政の重要な方針として定められた現在、住宅の内外装はもとより、土台、床を始めとする構造体、並びに内外装材における建材として、早生樹桐が優れた特質を持っていることが明らかになったときの興奮は大きかった。

この出版により、年間1,300万haに及ぶ地球上の自然林の喪失にブレーキがかかり、世界のCO2総排出量の20％、16億炭素トンの排出を削減することが出来れば、消滅を続ける地球上の生命体を守り、再生への道筋が見えてくる。省エネではなく、国境のない壮大な森林力による地球自浄への提言である。

　学者でも政治家でもない筆者だけにCO2吸収量等の数字については多少の誤差があるかもしれないため、サイエンスエッセイとする趣旨をご理解していただければ幸いである。

　　2009(平成21)年3月29日

　　　　　　　　　　　　　　　　　　　　　　　　　　　黒岩陽一郎

桐で創る低炭素社会

目　次

目次

出版を決意させたもの 1

第1章　残された時間はわずか、加速する地球温暖化 7
1. NHK放送番組「海」が現実に 7
2. 積雪7.8m、地球温暖化の速度が里山で見える 7
3. 嶺々の雪を好んだ雷鳥も消えてゆく 8
4. 地球の大異変により、鳴り続ける警鐘 ― 迫られる国境なき浄化作戦 10
5. 厚すぎる国境の壁 13

第2章　森林の持つ壮大なポテンシャルを引出し、地球の自浄を 15
1. 森林の力を数字で理解しよう 15
2. 森林国家日本による大量輸入木材の罪と罰 ― 失われた貴重な大産業 15
3. 日本独自の「炭素権売買システム」の創造と住宅建材に対する「見える化促進」が森林再生の鍵 20
4. なぜ世界の森林は喪失を続けるのか 24
5. 化石燃料と同等に評価されなければならない地球規模での「炭素権」確立の重要性 28
6. 期待膨らむ森林発電 30

第3章　早生樹「桐」に託す自然林保護 33
1. 中国に見る森林拡大の背景 33
2. CO_2削減工場と言われる桐の力と、他の早生樹に見られない桐の特性 34
3. 荒廃した日本の森林に認められたCO_2吸収量と桐森林による吸収力との比較 37
4. 森林産業を「高収益産業」に導く桐 38

第4章　住宅向け早生樹「桐」の優れた諸性能 43
1. 工業用品「桐」のデビューは防火扉だった ― 耐火性、断熱性の高さが国際的に証明された 43
2. 建材としての「桐の適性」をデータから学ぼう 60
3. 桐をミクロの世界で覗いてみよう 76
4. 桐に対するビスの効力 78
5. 桐からの豊かな遠赤外線の放出 78
6. 暴露実験に見る驚くべき桐の耐候性 79
7. 住宅用建材「桐」の可能性 83

    8. 先人達の知恵に見る桐の強度 83
    9. 「桐床上での生活6年」からの報告 85
    10. 桐餌箱のミミズが人間に語り掛けるもの 87

第5章 「低炭素社会」変わる住宅の壁 **89**
    1. 登場した桐による内外一体型壁工法 89
    2. 桐集成材による内外一体化壁「KUROIWA WALL－110」の開発
       コンセプト 90
    3. ネオマフォームと桐の類似点 90
    4. 断熱性数値への対応 96
    5. 住宅建材「桐」のこれから 96

出　　典 **97**

あとがきの言葉に込める現政治への苦言 **98**

第 1 章　残された時間はわずか、加速する地球温暖化

1.　NHK 放送番組「海」が現実に

　7 年前になるだろうか、NHK が連続 8 回に渡り週 1 回のペースで放送した「海」と題する番組があった。あら筋は、地球温暖化がこのまま進むと各地に大雨による局地型洪水、今まで体験した事のない大型台風、大干ばつが発生する。次に来るものは急速なスピードで氷河期になり、地球上の全生物は滅亡してゆく……の内容だった。公共放送だけに「滅亡する」との表現こそ使わなかったが、「人類には英知があります」といつも結んでいた。

　この番組を注意深く見ていた人でもまだまだ遠い先の事だろうと、未来をテーマとしたフィクション番組位に思っていたに違いない。私もその 1 人だった。ただ私は随筆を書く趣味を大切にしているため、その後の 1 作に用いるテーマとしてメモは残しておいた。

　その後時を待たずして、アメリカに、中国に、ヨーロッパ各地に、また、日本のいたるところで、巨大台風の上陸と局地型集中豪雨の報道が連日の様に始まった。被災者は一様に「こんなひどい事は初めてだ」と震えをこらえながら語っていた。

　正に番組どおりの異変が地球の各地を襲って来たのである。北極、南極はもとよりスイス、ヒマラヤ、ロシア、アイスランドの氷河、永久凍土も失われ、北極南極の氷山も大胆に姿を消しつつある。インド洋の海温上昇がオーストラリアに大干ばつを引起し、同国では 2009 年 2 月の気温が 46.5 ℃ に達し、ビクトリア州では自然発火から東京 23 区の面積の 2 倍もの森林を失った。この森林火災とリアルタイムで同国内北部で起こったクィーンランドの大洪水の異常な光景は、「海」のストーリーの正確な予測が次々と証明されてゆく、正に地球にとって「不都合な真実」の現われなのであった。今「海」を再び NHK が放送をしたら、世界中がパニックになるであろう。放送後わずか 7 年での大異変である。

2.　積雪 7.8 m、地球温暖化の速度が里山で見える

　今年の 1 月下旬、新潟県と長野県の県境をドライブした。南国生まれの女房から一度豪雪と言うものを見たいと以前より要望されていたためと、私の若い頃の記憶では真冬の間は常に 2～3 m は積もっていて、秘境とも言われていた秋山郷は山村の家々が雪のトンネルで結ばれていた、そんな強烈な思い出にも戻ってみたかったからであ

る。現実は目を疑う程の積雪しかなく、あらわに現れている山肌からは早くも春の息吹が顔を出す程の異常な冬景色であった。温暖化のスピードをここでも目の当たりにした。**写真1-1**は、新潟県と長野県の県境にあるJR駅、森宮野原の駅前に立つ、1945（昭和20）年2月12日積雪日本一の記念塔である。積雪7.8 mの位置が最上部に赤い線で示されている。村の家々は屋根の上まで覆われ、電柱の頭だけがわずかに顔を出していたと伝えられている。山波から繋がるこの豪雪がじっくりと地下水を作り、無数の村々には耐えないせせらぎとなって恵を与え、すぐ近くを流れる信濃川をいつの時にも水を絶やす事のない豊かな流れとさせ、長い沿岸の田畑はもとより、電力の生産を続け、穀倉地帯越後平野を太古より潤しているのだが……今や伝説となりつつある塔を見上げる時、すでに母なる大河の枯渇が地下水の減少から始まっていることを感じたのである。

この様な現象は、日本のアルプス群はもとより、ヨーロッパの水源スイスに連なるアルプス、アジアの水源チベットの氷河、凍土の喪失、北極、南極の氷山の大規模な喪失から繋がって来ている地球規模での現象であり、里山とも言える身近な自然の中にまで忍び寄って来た地球温暖化による異常な光景である。

写真1-1　積雪日本一の記念塔
一番上の赤い線が7.8 mのレベルを示している。健全だった日本列島の一つの証でもあり、温暖化のスピードのメジャーとなっている。今や伝説の塔となり、豪雪を記憶している人々もわずかとなった。（筆者との撮影）

3. 嶺々の雪を好んだ雷鳥も消えてゆく

生物は環境の変化が起これば移動するか、進化して絶滅を逃れて来た。カブトガニが「生きる化石」と呼ばれていたのは、移動も進化もしないで現代に生き残っていたためである。しかし、カブトガニも例外ではなく、2億年前すでに進化していたとの学説が最近成立した様である。

雷鳥は、氷河期遺存種と言われる極めて貴重な鳥で、2万年前の氷河期には、現代のカラスの様に地球上のいたるところに生息していたと言われている。そして1万年前

氷河期が終わると、北半球に移り、氷河の残る高地へと移動した。雷鳥の生息地としては最も南に位置する日本においては、標高 2,400 m 以上の高い山の雪渓を生息の地とした。しかし、温暖化による雪渓の後退で次第に高地へと移動し、数を減らし続けている。日本では 1945（昭和 20）年に「天然記念物」に、1965（昭和 40）年には「特殊鳥類」に指定され、手厚く保護されて来たが、加速する温暖化により、佐渡で環境汚染により絶滅した朱鷺と似た運命を辿ろうとしている。雷鳥の消滅は、今まで生息させて来た 2,400 m 以上の山々の気象と環境が北半球の限界地と同じ事から、地球温暖化の進行、広さ、深さ、速さを示す精密な計測鳥という事になり、人類も含め地球上の全生命体の存続が極めて危険な状態に近づいている事を示している。

写真 1-2　春の雷鳥
（撮影：2001. May. 小林盛人。特殊鳥類保護のため、撮影地の表示は控えます）

　私（筆者）が学生時代（1962 年まで）だった頃、長野県の蓼科山や八ヶ岳などのポピュラーな山々に登山しても、夏の岩肌と同色に変色した雷鳥のつがいがちょろちょろとハイマツの下を走り回る姿を見かける事はめずらしい事ではなかった。またスキーを担いで後立山の白馬まで足をのばすと、雪と同じ真っ白に変身した雷鳥がロッジの軒下に止まってゲレンデを見下ろしている姿を見る事もまれではなかった。今、地球温暖化の深刻さを知らせるが如く「幻の鳥」と呼ばれるまで急速に数を減らしているのである。

　写真 1-2 は、私の人生の大先輩でもあり接着剤メーカーとして成功した小林盛人氏が、2001 年 5 月、アルプスの岩陰に身を秘め、寝袋の中から 3 日掛りで望遠レンズを用いずストロボをたいて撮影した貴重な 1 枚である。雪解けの山と同じく見事に変身している美姿である。この様に巧みに身の色を変え、餌取りも他の鳥や天敵タカ類が巣に身をひそめ、雷が鳴る程の悪天候を選んだ事で名付けられたとも言われる、それ程にして、2 万年もの永きに渡り生命を守り続けた野鳥である、そんな雷鳥も日本では

わずかに残る雪渓とハイマツの極限地にたった3千羽の生息と推測されるまでになってしまっている。

　前記の積雪7.8mの伝説の塔と、消滅に等しい雷鳥残存の2つの危険な数値は、雪面をパラレルで滑るシュプールの如く同じ形となって地球を壊し続ける人類への警告地上絵となってメッセージしている。

4. 地球の大異変により、鳴り続ける警鐘 ── 迫られる国境なき浄化作戦

　気候変動による政府間パネル（IPCC）の研究によると、地球の平均気温が1.5～2.5℃を超えた場合20％から30％の種の生命が絶滅し、3.5℃以上の場合では40～70％が絶滅の危機にさらされるとしている（出典：IPCC第四次評価報告書）。また、イギリスで著名な科学者、ジェームズ・ラブロック博士は、「地球温暖化が深刻化し、改善されない場合、21世紀末までに生き残れる人口は世界で5億人程度である」と発言している（東京大学教授山本良一教授からのメール）。生存率わずか8.3％である。

　この様な巨大なマグネチュードで生命体を飲み込みながら押し寄せる地球の異変にようやく不安を抱き始めた現代の人類は、世界各地でエコ活動を始めた。日本の様に広大な森林を所有しながら荒廃させてしまっている国では、間伐材を用いた割箸を使おう運動から始まったさまざまな木使い運動、木造3階建住宅の許可、木造学校の奨励、木を用いての防音壁やガードレール、公園などで見られる義木の廃止まで検討されている。

　一方電気自動車への移行、4分の1の電力で同じ照度も発する事からファクターフォーと呼ばれる電球の開発、ファクターフォー・ファイブ・テンまでを目指した、各電化製品の改良、太陽光発電、風力発電、地熱発電等の研究活動、農水省提案の「見える化」運動による消費者の意識改革とエコへの参加呼びかけは、国民と合体した運動となり急速な広がりを見せている。この活動を決して否定するものではないが、我国で走る自動車を全て電気自動車に変えても、我国の総排出量の4～5％を削減するのがせいぜいとの結果が経済産業省より報告されている（NHK報告）。現在行っているエコ活動の微力さに愕然とせざるを得ない数値である。

　裏付ける現実として、この様な広がりを見せるエコ活動にもかかわらず、1997年京都議定書で日本が国際社会に約束した1990年の総排出量に基く6％のCO2削減目標に対し、減るどころか年々増え続け、2007年には目標値を14.7％も上回って13億7,100万トンに達し（図1-1）、2009年5月現在更にこの数値をも大きく上回って、減る気配すら見せていないのである。

　アメリカ前大統領ブッシュは最大のCO2排出国でありながら、CO2削減への呼びかけに耳を傾けなかった。2005年の世界総排出量と排出主要国、及び、その他発展途上国を含めると図1-2になる。

　ようやくオバマ新大統領はグリーンニューディールと銘打ってCO2総排出量を2005

第1章 残された時間はわずか、加速する地球温暖化

図 1-1 温室効果ガス総排出量の推移
京都議定書削減約束との関係

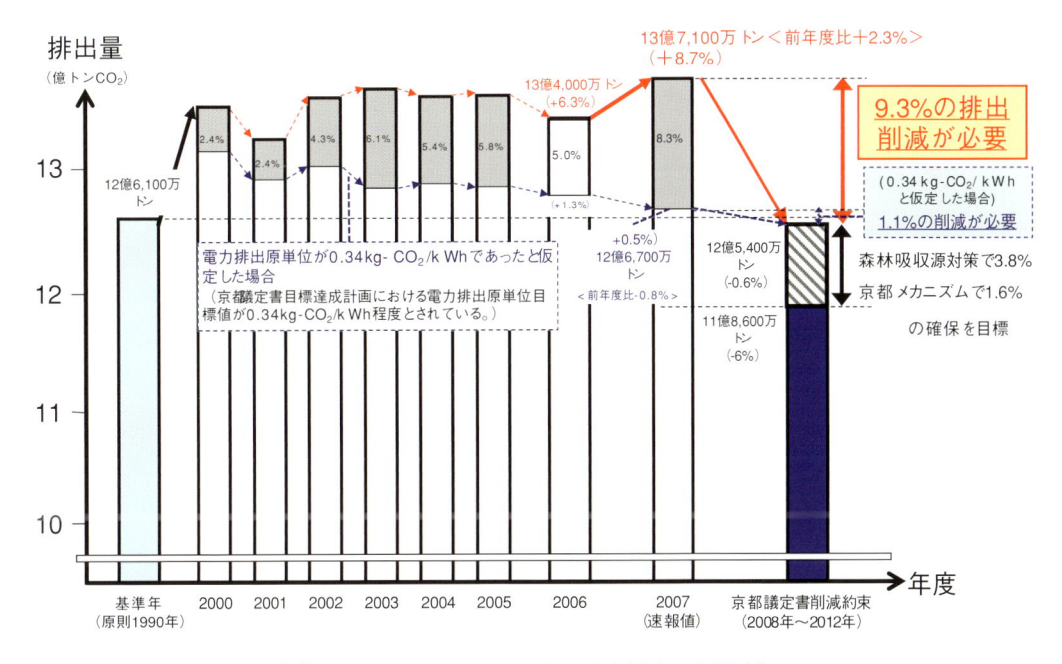

（電力排出原単位が0.34kg-CO₂/kWhであったと仮定した場合）

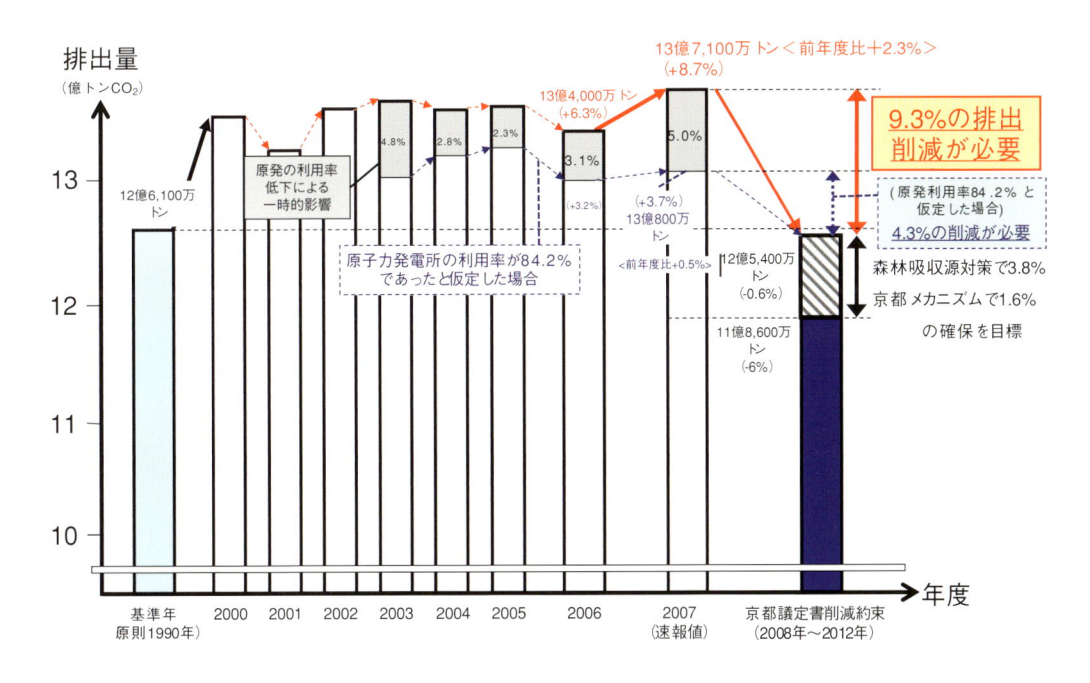

（原子力発電所が長期停止の影響を受けていない時の利用率（1988年度実績値84.2％）であったと仮定した場合）

出典）環境省："2007年度（平成19年度）の温室効果ガス排出量について"、p.4（2007）

> 図 1-2

2005年度の CO2 排出量
全世界一丸となって立ち向かっても間に合うか否かわからないのに…
厚すぎる国境の壁

国別1人当たり排出量（2005年）

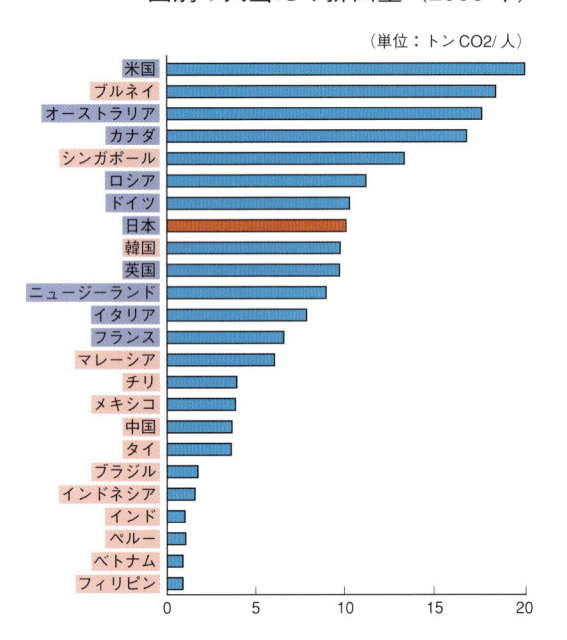

（単位：トン CO2/人）

米国	約20
ブルネイ	
オーストラリア	
カナダ	
シンガポール	
ロシア	
ドイツ	
日本	
韓国	
英国	
ニュージーランド	
イタリア	
フランス	
マレーシア	
チリ	
メキシコ	
中国	
タイ	
ブラジル	
インドネシア	
インド	
ペルー	
ベトナム	
フィリピン	

二酸化炭素国別一人当り排出量

二酸化炭素の国別総排出量をみると、アメリカが1位、中国が2位を占めている。ただし、一人当りの排出量において、アメリカが1位であるのに対し、中国はアメリカの5分の1で下位になっている。削減量をめぐって、先進国、後進国との間に論争が耐えない原因になっている。

国別排出量（2005年）

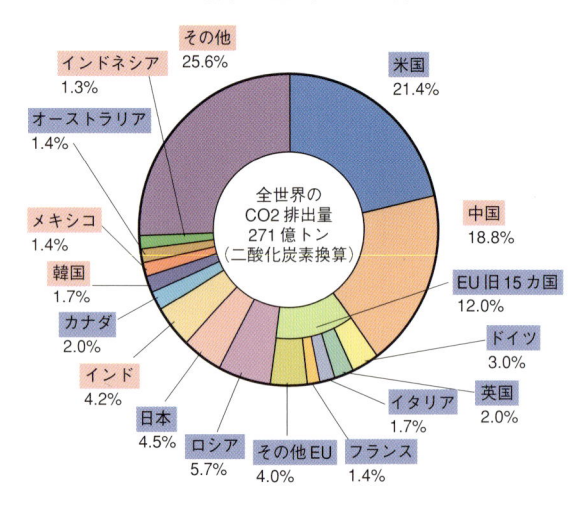

全世界の CO2 排出量 271億トン（二酸化炭素換算）

- その他 25.6%
- インドネシア 1.3%
- オーストラリア 1.4%
- メキシコ 1.4%
- 韓国 1.7%
- カナダ 2.0%
- インド 4.2%
- 日本 4.5%
- ロシア 5.7%
- その他EU 4.0%
- フランス 1.4%
- イタリア 1.7%
- 英国 2.0%
- ドイツ 3.0%
- EU旧15カ国 12.0%
- 中国 18.8%
- 米国 21.4%

二酸化炭素国別排出量

京都議定書に批准している国は、20カ国程度であり、全排出量の30パーセント以下である。アメリカが加わった事で、世界が一丸となりたい。
省エネは経済発展の減速を余儀なくされる。ただし、森林保全による CO2 削減にはその様な犠牲は介在しない。

出典）環境省 HP http://www.env.go.jp/earth/ondanka/cop.html（2009.5）

年を基数として14％削減を約束し立ち上がった。

世界に多大な影響力を持つ国だけに期待は高まる。ここに至るまで所詮エコ活動に努力して来た国は、EU諸国を始めとする日本、オーストラリアを含め、20カ国程に過ぎず、総排出量の30％に満たない。経済活動減速への兼ね合いと、先進国、後進国における1人当たりの排出量の差が大きな壁となっていた事は言うまでもない。

5. 厚すぎる国境の壁

京都議定書に批准していない国、参加していない国の排出量は世界全体の70％に及んでいた事から、20カ国足らずで行って来たエコへの努力は世界全体の動きから見れば、正に燃え盛る森林火災にコップで水を掛ける如くの小さな努力だったのである。地球を覆うCO_2等による温室効果ガス形成には国境はないが、その対策を講じるには多くの国家間の壁が立ちはだかっているのである。

年間1,300万haにも及ぶ自然林喪失にストップを掛ける事は、国境の壁とは関係のない地球浄化に繋がる、最も有効な地球浄化作戦なのである。

これ等途上国と先進国の意見の相異は、省エネルギーには経済発展にブレーキを掛けなければならない相関関係があり、更に省エネコストが必要となるためである。森林によるCO_2の吸収は、コストが最も少なく、エネルギー供給産業、及び、一般産業部門に比較し、従来の製品にかえ新しい製品を開発製造することも不必要なため、はるかに安い。

今期中間報告として政府が発表した我国の一般家庭が2005年比15％の省エネを行う場合、一家庭180万円の初期投資が必要となる（NHKクローズアップ現代、2009.6.15報道より）。無理やりな手段と思わざるを得ない数字だけの目標とも言える。

世界は今、近代史では例のない程の大不況下にある。ドン底から這い上がるために、グリーンニューディールをハシゴとした産業を先進各国が創ろうとする胎動が始まっている。国境の壁を越え、一丸となるべく絶好の時がやって来ている。この大不況こそ自然の摂理が与えた地球大修復機としてとらえ、森林産業を主軸とした地球を守る産業界を創らなければならない。

東京大学名誉教授月尾嘉男氏の計算では人類滅亡までの時間を24時間とした場合、すでに23時50分を回ったとTVの前で語る。更に、教授は世界の国々が百年前の生活に戻らないと温暖化は止められないとも解説している。

地球時計の1秒が何年かは別として、現在世界各国が行おうとしている省エネ対策では全く不可能に近い試算である。

地球温暖化のメカニズムをNHK「海」の番組では以下のように語っている。

「温暖化により失った氷山により、海水中の塩分の濃度が著しく薄められてしまった。本来であれば塩が海底深く沈み、陸地に沿って塩の道を作る。塩の道は2千年

の歳月をかけ、世界の大陸を一周する。この塩の道が地球を温かい星にしていた。いわば巨大な空調器だった。氷山が溶け、塩分の薄い海水が、この塩の道をずたずたにし、大空調器が壊れてしまった」

一言で表現すれば、世界各地に起こっている異常気象、海温上昇は、大自然のサーモスタットを失った結果と言える。正にコントロールを失った人工衛星がたどる運命と同じで地球も永遠に軌道を回るだけの冷たい惑星になろうとしているのである。

地球の70％を占める海の水温上昇がわずか3割の陸地に与える力は大きく、とてつもない規模のバランスを崩した凶悪なパワーと化し、動植物の棲む海と陸地に襲いかかり、人間も含めた生命体を絶滅に追いやろうとしているのである。

米国元副大統領アル・ゴア氏は、著書『不都合な真実』の中で、「温暖化は、科学だけの問題ではない、政治だけの問題でもないと感じて欲しい事だ。これは倫理の問題なのである」と述べているが、巨大なサーモスタットが崩壊するはるか以前に世界に発信すべきだった。ただし、遅過ぎたとは言えない責任を人類は背負っている。産業革命以来わずか百余年で、45億年前誕生と言われる地球を崩壊しようとしているからである。気の遠くなる様な宇宙の時空の中で何回目かの異変かは考えない事にして、現時点での地球の実態を正視せず、民族間の戦争を続ける国、ミサイルを始めとする武器開発と販売に余念のない国々を見るにつけ、温暖化防止に対し世界が思想として一丸となる事の難しさを海のパワーから見れば積み木の様に脆弱な国境の壁に見る事が出来る。

第2章　森林の持つ壮大なポテンシャルを引出し、地球の自浄を

1. 森林の力を数字で理解しよう

　先記したさまざまなエコ活動の微力さを認識し、地球再生を目指すには、何にも優先して森林の力を理解しなければならない。国際林業研究センター(CIFOR)の調査によると、熱帯雨林を始めとする地球上の森林喪失は、2000～2005年の間における1年間の平均で毎年1,300万haに上る。内訳は、図2-1の如くである。

　この結果増加する(排出される)炭素の量は、世界全体の排出量の20％に相当する16億炭素トン(CO_2排出量換算58億7千万トン)である。因みにこの数値は、全世界の運輸部門(自動車、船舶、飛行機、電車他)から排出されるCO_2の量よりも多いのである。

　我国の1990年におけるCO_2総排出量13億7千万トンの4.3倍である。

　森林が地球温暖化に対し、巨大な影響を与えているかを単純に理解出来る目安の数値である。逆に、森林を復活させる事の重要性を強く認識しなければならない数字でもある。更に重要な点は、経済活動を減速せず、逆に森林産業を創造(復活)させ、月尾教授の提言する百年前の生活に大きく近づく事が出来る大きな歩幅として強力なアクションである。

　原点に立ち帰り世界各国が森林が減少するメカニズムを解明し、減少を止めるための適切な手立てを急がなければならない。ただし、喪失した森林の復元(森林推移)には80～100年と永きに渡る時間と思想の持続が必要となる。本書は、この様な地球大異変状態においてもなお喪失を続ける世界の森林をいかにして食い止めるかに一石を投ずるため、学者でも政治家でもない一随筆家の立場から見るに見かねて執筆したものである。

2. 森林国家日本による大量輸入木材の罪と罰 ― 失われた貴重な大産業

　日本は、国土の約70％を森林が占める。先進国としては、森と湖の国フィンランドと肩を並べる森林国家である。フィンランドが69％、カナダ33％、ドイツ29％、アメリカ28％、イギリスに至ってはわずか9％である。

　アジアモンスーン地帯に位置する日本は、雨が多く、EU諸国を始め世界の先進国家から見れば南に位置し、諸外国から羨望される森林資源を持っている。図2-2は、我

図 2-1

2000～2005年森林喪失面積

世界の全運輸によるCO2の排出量を上回る量が森林喪失により毎年排出されている

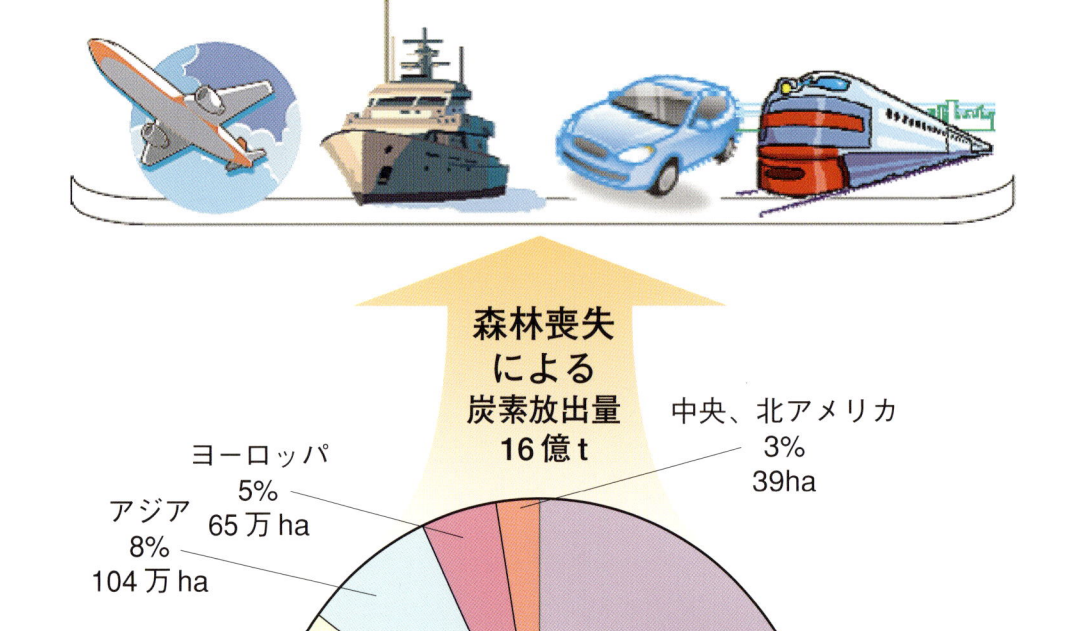

森林喪失による炭素放出量 16億t

- 中央、北アメリカ 3% 39ha
- ヨーロッパ 5% 65万ha
- アジア 8% 104万ha
- ブラジル 23% 299万ha
- アフリカ 30% 390万ha
- 南アメリカ 31% 403万ha

1300万ha／1年

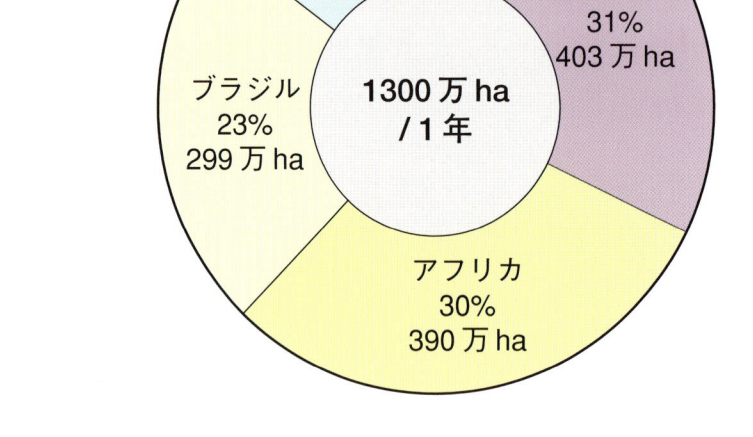

資料：国際林業研究センター（CIFOR）『木はお金で育つか（森林の展望4）』(2008)

第2章　森林の持つ壮大なポテンシャルを引出し、地球の自浄を　　　17

> 図 2-2

日本の森林面積と木材体積

日本が輸入する木材の内訳

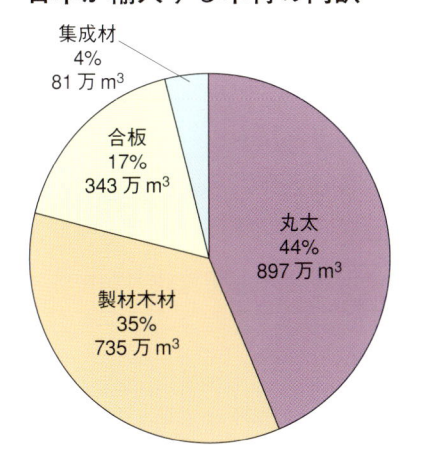

- 集成材 4%　81万 m³
- 合板 17%　343万 m³
- 製材木材 35%　735万 m³
- 丸太 44%　897万 m³

丸太製材材は、天然林である．輸入木材により住宅（木造）を建てているため、国産材はほとんど使われていない、そのため荒廃してゆく森林による合光性活動は鈍く、ICPPでは我国における総排出量の 3.8 % の森林による CO_2 吸収量しか認めていない。

資料：林野庁 HP　http://www.rinya.maff.go.jp/j/press/boutai/080314.html（2008）

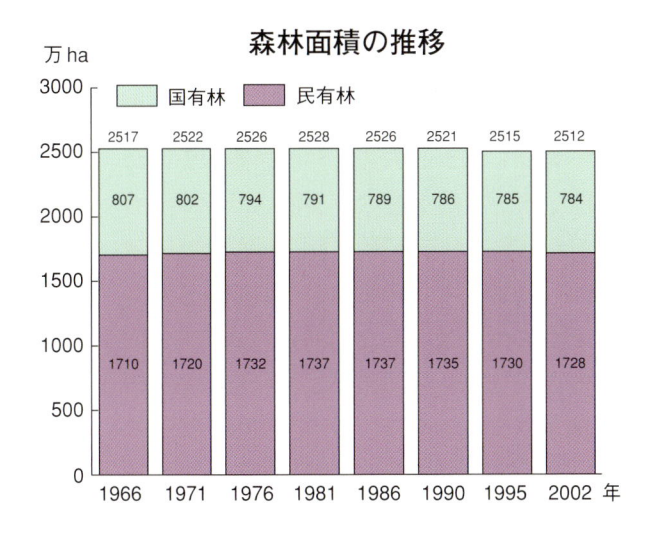

森林面積の推移（万 ha）

年	国有林	民有林	計
1966	807	1710	2517
1971	802	1720	2522
1976	794	1732	2526
1981	791	1737	2528
1986	789	1737	2526
1990	786	1735	2521
1995	785	1730	2515
2002	784	1728	2512

森林蓄積の推移（百万 m³）

年	国有林	民有林	計
1966	917	970	1887
1971	855	1224	2079
1976	805	1381	2186
1981	804	1680	2484
1986	830	2032	2862
1990	858	2280	3138
1995	812	2571	3483
2002	1011	3029	4040

森林面積は不動だが、国内需要が微量なため、また、輸出をしていないため、木材の体積は右肩上りで上昇を続けている。

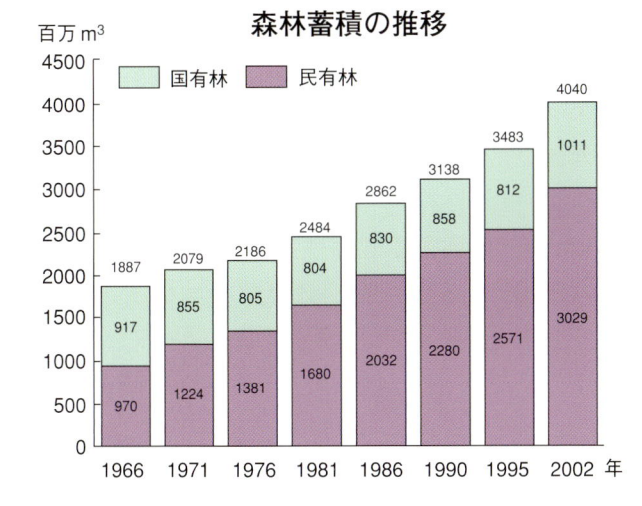

資料：林野庁 HP　http://www.rinya.maff.go.jp/toukei/genkyou/index.htm（2008）

国の森林面積と樹木の総体積を示した表である。国土面積に対し、これ程の面積、樹木体積を持っている国は他の先進国にはない。

にもかかわらず、日本は年間2,056万m^3もの木材を輸入しているのである（図2-3、出典：林野庁提供資料）。これを変えるには、まず、大量の木材輸入を禁止し、あり余る国産材使用にシフトする事である。我国の輸入木材の90％は、地球上の天然林であり、年間1300万haの喪失による16億炭素トン（全世界のCO_2総排出量の20％）に大きく加担しているのである。森林喪失と地球温暖化との因果関係が全世界で明白になっている時、森林資源の少ない国から見ればなんとも身勝手で理解に苦しむ国であると思われてもいたし方のない愚かな行政である。無知だったとはいえ低炭素化社会を迎えた今、戦後60余年間に渡り、森林産業の健全化に対し、無策な政策を続けて来た政治の罪と言う形になってしまっている。

森林における樹木生産量を年間1ha当たり平均7m^3とすると、単純計算ではあるが世界の天然林喪失面積の0.7％に当たり、CO_2排出量に換算すると4,130万トンにのぼる。輸入木材を禁止しただけでも、京都議定書で約束した削減量の5％に相当する。

比率や量の問題ではなく、本来日本の全森林が健全で循環していれば年間約30億トン、京都議定書作成基準年1990年の総排出量の2.4倍ものCO_2を吸収させる事が出来、かつ、年間輸入量の200倍もの体積の森林を持っている事から完全な木材輸出国としても循環型森林社会を形成出来るのである。その木材には手を付けず、国内需要量の大半の木材を海外から輸入し続けて来たがために光合成によるCO_2削減能力を著しく低下させ、荒廃した森林にしてしまったのである。低炭素化における先進国とは間違っても言えない貧しい森林行政が浮き彫りになって来る。

なお、図2-3は、2007年における先進国を主に表した木材輸入、輸出を金額で表したものである。この表で明らかな様に日本は輸入国ではベスト2位にランクインされているにもかかわらず、輸出ではランクインしていない。他の先進国が輸出し、輸入しているのは、自国の原木をローコストで製材加工してくれる発展途上国に輸出し、製材、または完成品にした製品、もしくは、パルプ材に変え、輸入しているため、炭素排出量は再生可能エネルギーやバイオ燃料と同じで、CO_2の吸収と炭素排出がプラスマイナスされ僅かな量となる。

なお、輸出国における毎年の輸出量はほぼ同じ数量で推移している。この数字が意味する点は、適切に管理された森林からの輸出である事が推測出来、循環型森林を持った国家である事がわかる。日本の総森林総体積は40億4千万m^3（2002（平成14）年）は、輸出もせず国内需要はわずかな事から、木材総体積は右肩上りで上昇し、1971（昭和46）年の約2倍に達している。輸出国家としても上位にランクインされるべく森林体積を所有しているのである。

この様に巨大な森林を持っていながら、コストの安い輸入材への依存を続けた事が、

図2-3 先進国における木材の輸出入金額

木材輸出国上位10位（2007年）

	国名	輸出金額（百万$）	割合
1位	カナダ	$12,610	12.14%
2位	ドイツ	$9,956	9.58%
3位	中国	$9,773	9.41%
4位	ロシア	$8,850	8.52%
5位	米国	$6,823	6.57%
6位	オーストリア	$5,838	5.62%
7位	スウェーデン	$5,546	5.34%
8位	マレーシア	$4,665	4.49%
9位	フィンランド	$3,974	3.83%
10位	フランス	$3,557	3.42%
	他	$32,296	31.09%
合計		$103,887	

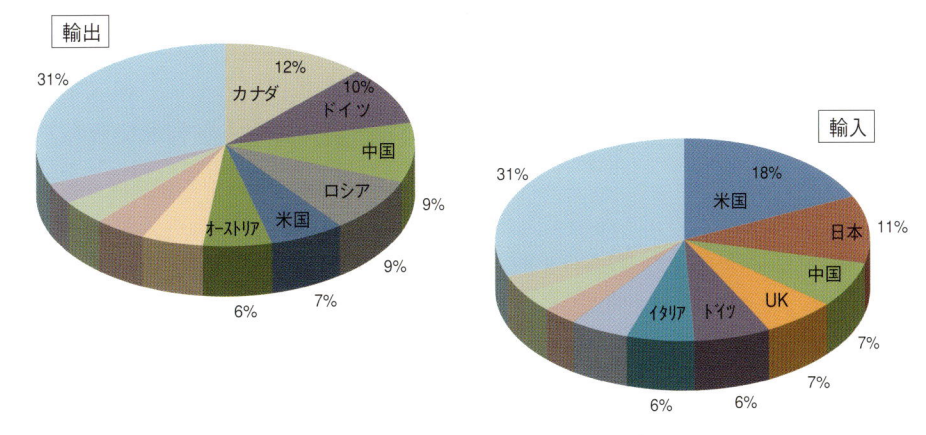

木材輸入国上位10位（2007年）

	国名	輸入金額（百万$）	割合	体積
1位	米国	$20,063	18.13%	3477万㎥
2位	日本	$11,864	10.72%	2056万㎥
3位	中国	$7,979	7.21%	1383万㎥
4位	UK	$7,240	6.54%	1254万㎥
5位	ドイツ	$7,125	6.44%	1235万㎥
6位	イタリア	$6,587	5.95%	1141万㎥
7位	フランス	$5,501	4.97%	953万㎥
8位	ベルギー	$3,449	3.12%	598万㎥
9位	オランダ	$3,442	3.11%	596万㎥
10位	カナダ	$3,263	2.95%	566万㎥
	他	$34,174	30.87%	5921万㎥
合計		$110,688		19,181万㎥

輸出もし、輸入もしている先進国は途上国にて加工させた木材の再輸入をしている諸国であり、健全だが、森林国家日本の輸出はない。資料：林野庁提供資料

国内の木材価値を発展途上国並の価格まで暴落させてしまい、森林、製材産業を完全に喪失させてしまった罰として、年間1兆円とも言われるCO2削減枠まで海外より購入せざるを得ない状態をつくってしまったのである。しかもこれは削減枠を持たない国(ウクライナ、チェコ、ロシア等より)からの購入であり、地球にとっても日本にとっても無意味な税金の使途である。

地球の全生命体をも奪おうとしている地球温暖化が進む現在、即効性の高いCO2削減巨大工場と言われているのが健全な森林である。荒廃森林のため稼働力が著しく落ちている現状を打破し、日本の森林産業を再構築し、森林の健全化(大修理)をいかなる国よりも急がなくてはならない、森林産業復活の最大の鍵は、輸入木材に依存しない、国内需要に対する国内からの供給である。

そのためには無駄な高速道路の建設を止め、網の目の様な林道の建設に主眼を置かなければならない。

大正末期頃まで、日本は対ヨーロッパに対し木材輸出国家でもあり、木材産業は我国の主要な産業として健全な発展を続けていた。昭和30年代から始まった高度経済成長の時代においても、産業の一角に木材、木工産業は、収益性の高い企業として君臨していたのである。しかし、戦後の木材不足から昭和30年代に入って、輸入木材に対する統制を撤廃(関税ゼロ)した時点を境に、森林も、加工工場も急勾配で荒廃と衰退の一途を辿ったのである。

従って、産業としてのDNAまで失っているわけではない。国内需要拡大による木材の価格の正常化のために、新時代の価値、「炭素権」に対する適切な評価こそが復活の鍵となっている。

3. 日本独自の「炭素権売買システム」の創造と住宅建材に対する「見える化促進」が森林再生の鍵

喪失した日本の森林を復活させるための施策は、先ず年間100万棟を上回る、日本の住宅市場に国産材を供給する事である。

現在海外から調達している木材と国産材を価格だけの差で見ると差はない。ただし、実体価格が崩壊している。因みに、10.5 cm×10.5 cm×3 mの国産杉材の柱が1,500円程度で売買されている。集成されると更に2割程安くなると言われている(大手ホームセンター調査)。80年もの歳月を掛け育った木材が容積と比較し、大根より安い価格までに崩壊しているのである。

日本の産業として日本の経済界に参加出来ない途上国並の価格である。昭和30年代高度経済成長を車や電気製品による輸出により成し遂げようとした国の政策の代償として輸入木材に対する価格統制の撤廃(関税ゼロ)をした事が、コスト最優先の社会の中で途上国でもある輸出(輸入先)国家のレートに国産木材価格を合わされてしまった結果なのである。他の産業を優先するがあまり失ってしまった日本の森林、木材産業

の現在の姿である。関税を 700％ 掛ける事により米農業がかろうじて守られている事からも、関税ゼロの森林、木材産業が生息出来るスペースは日本産業・経済界には存在しない事が理解出来る。

いわば見捨てられた産業ではあるが、地球温暖化を防止するための新たな時代、低炭素化社会の到来により、産業界において主役の座を奪回させなければならない。重要な産業として森林、木材産業は位置しているのである。

この産業を復活させる決め手は 2 つある。その 1 つは、新時代が求める新しい価値、「炭素権」を認め、CO_2 をたっぷり吸収して生長し、炭素固定している木材に対し、国が国民から受け取っている環境税の中から炭素固定量として支払の義務を持つ事である。2 つめは、消費者に対して示す商品説明を食品の如く、販売する住宅木材に対しても明示する事を義務化する事である。販売する住宅のデザイン、利便性の他に、地産地消による耐久性を付加させるための見える化の法制化により、消費者の国産材購入価格を一般産業並に戻す事である。

以上の 2 つの施策を徹底する事により、日本における木材価格は正常化し、森林育成に対し高収益が与えられる事から産業として復活する事が期待出来る。

3.1. 炭素権売買についての考察

現在我国の政府は、京都議定書で定められた CO_2 削減目標を満たすため、約 1 兆円もの環境税の中から、削減枠を持たない(京都議定書不参加国)国、例えば、ウクライナ、チェコ、ロシア等から CO_2 削減枠として購入している事は前述した(CO_2 は見えないため、量を枠として表現している)。とりあえず金に物を言わせ、国際社会に対しては帳尻を合わせる方策で、多くの国民には知らされていない部分である。国内に向かっては、CO_2 削減未達成企業に対し罰則金を上乗せした販売を義務化しようとしている。

ここで「なぜこれだけの巨額の資金を海外の森林で得た CO_2 削減枠購入に投じ、国内の森林復興の資金にしないのだろうか」の疑問が沸いて来る。環境税とはその様な海外からの購入のため国民から徴収しているものではなく、低炭素化社会を先ず日本の国内において構築すべきための税のはずである。喪失した国内森林、木材産業復活のため、先ず炭素権購入資金・製材企業助成に廻すべきではないだろうか。行政は、海外からの CO_2 削減枠購入金額を国民に対し明示していない。

日本の森林産業の復活により森林が健全になれば、削減目標の達成はおろか、森林資源の少ない先進諸国に対し、木材はおろか CO_2 削減枠をも輸出、販売する事の可能な国に生まれ変わる事が出来る。国民に対し堂々と環境税使途が説明出来、将来地球健全化貢献に繋がる税として、国際社会に対し説得力あるリーダーシップを示す事が出来る。

更に、森林産業を高収益な産業にするため、カーボンオフセットと称する市場に(図

森林生産復活の条件

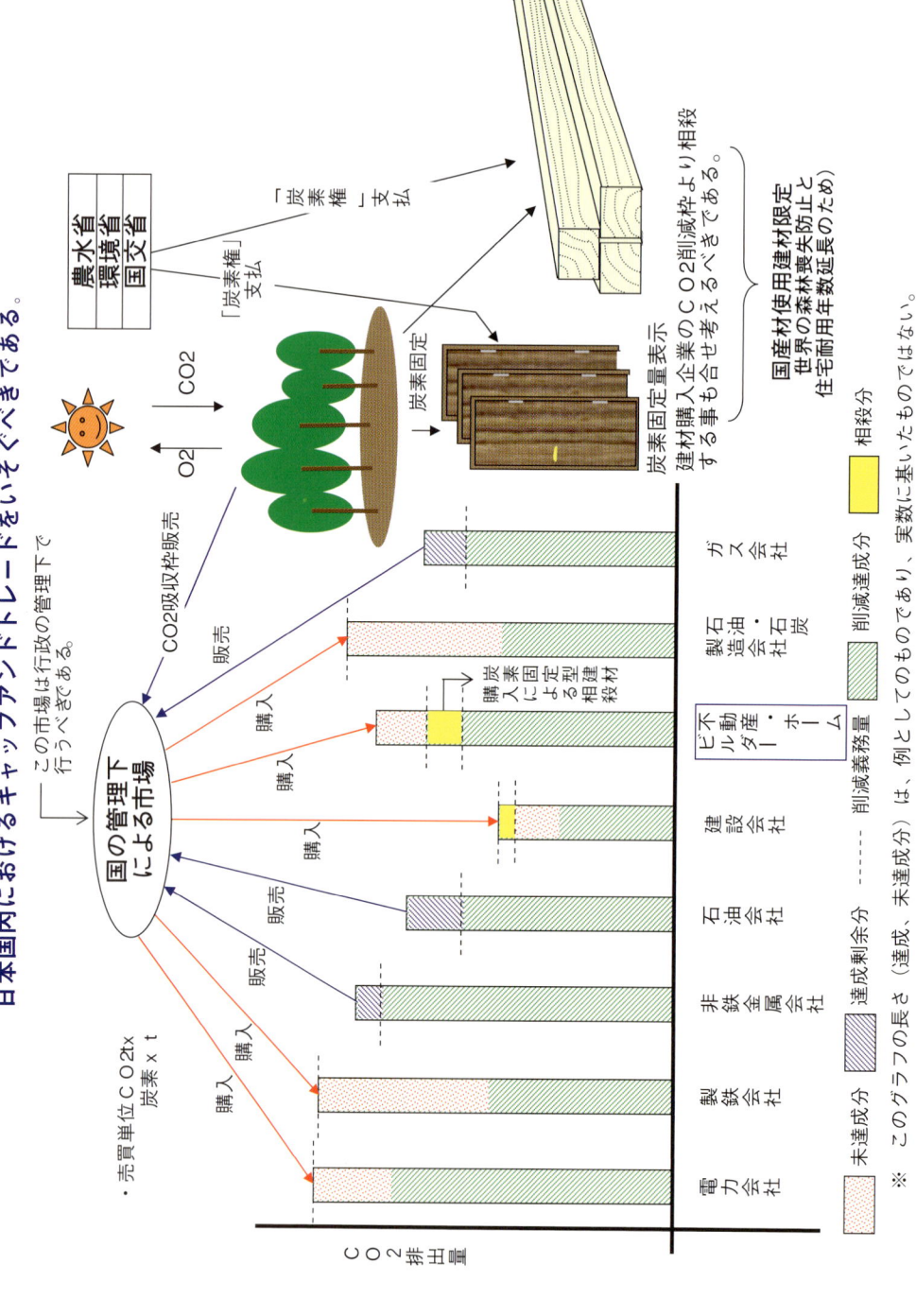

日本国内におけるキャップアンドトレードをいそぐべきである。

図2-4

2-4) 健全な森林の吸収したCO2削減枠（量）を売る事の出来るシステムを世界に先がけて創る事である。後述するが、世界の森林所有者、管理者を豊かにする事が、地球の森林喪失を止める事は間違いない。すなわち、日本の森林産業を復活させる事は、そのまま地球の森林を守る指導的アクションになるのである。

3.2. 見える化促進の重要性

25年、50年、75年と3つの数字がある。家を建ててから壊すまでの平均歳月を示す数字である。日本が25年、アメリカ50年、ヨーロッパ平均75年である。この差は、25年をメドに設計し、地産地消を無視し、輸入木材に全面的に依存してコストを最優先して来た日本の住宅の寿命の短さを示す数字である。ローン返済まで資産価値を保てない住宅の短い寿命である。

現在、農水省が中心となって進めている「可視化」すなわち「見える化」運動は、元を正せばトヨタ自動車が製造管理の精度を向上させる中で考案した方式だが、更に発展し、車を買ってくれる顧客に対しても性能の正しい表示、安全使用マニュアルを表示し、製品クオリティーの透明性を高めようとした事から始まっている。

現在我国は、食品に対しては世界一厳しい表示を求め、産地偽装に対しても、賞味期限の偽りにも絶対に許さない法律を持っているが、なぜか人生で最も高い買い物と言われている住宅に対しては、何の表示義務も求めていない。柱も、梁も、垂木も、野地板も見えない大壁工法の普遍化も後押しし、内部に用いている木材をクライアントでありながら見る事も知る事も出来ない。増して産地、樹種の表示もない事から、購買者はデザインと広告を買わされているに過ぎないとも言われている。最近、ヨーロッパ（北欧）から大量に輸入し、何十万戸の構造体に納入してしまった集成材柱が、中割れを起こし、腐れとなり、極度に強度を落としているというブラックニュースも流れている。

耐用年数の永い家造りには、地場の材を用いる事が最も好ましいと先人達より伝えられている。本来地場で採れた木材は、適切に乾燥され、適切な場所に適切な工法で建てられた場合、伐採後200年で強度はピークとなり、やがてゆっくりとした勾配で落としてゆくと言われている、15年後にピークとなり、急角度で低下してゆく鉄筋コンクリートとは比較にならない強い素材なのである（法隆寺、善光寺等重要文化財が代表例）。

気象の異なる海外のどこの国で育った何科の木かぐらいの説明もなく、プレカット工法で消費者が見る間もなく建てた家を売る事自体、正常な商行為ではなく倫理的問題にも触れる理不尽な実体が展開されているのである。家はやがては粗大ゴミとなり、CO2排出源ともなる。使われている木材の表示を消費者の前に、透明度を持って説明する事は、地場の木材の需要を促し、輸入木材を減らす事になり、地球上の森林喪失を防止する意味でも大変重要な事である。品質表示されないままの住宅を購入する側

にも全く責任がないわけではない。

　我国で始まっている商品説明の一例を **図2-5～7** に示すが、住宅の構造体こそより詳細な表示がなされるべきである。

　25年経ったら、建物の資産価値がゼロになる住宅を買うか、資産価値の低下速度がゆっくりと永い生命力を持った住宅を買うかを購買者に選択させ、適正な木材価格に戻す事が、地産・地消を促し喪失した森林、木材産業の復興を促す事になる。

4. なぜ世界の森林は喪失を続けるのか

　森林喪失を定義する基準は、樹木が森林面積(土地)の10％以下になった段階とされ、次に来るのが砂漠化とも言える劣化である。

　喪失要因を単純化して整理すると、①農業の拡大、②商業用樹木の採取、③インフラストラクチャー拡大の3大要因のためと世界森林研究センターは分析している。

①農業の拡大

　農業活動は、林業による低い収益から農業での生産物の高価格、高収益への転換である。当然農村人口が増加した場合、それに伴う住宅建設、公共施設の建設が必要となり、森林喪失をより拡大させる。例えば、インドネシアの場合、アブラヤシの栽培のための森林から、農地への転換がヨーロッパ市場を対象とし、大きな収益を上げている。このケースは小規模農家によるものではなく、大規模産業的農園によるもので、森林の減少をより大きく推し進められている、この10年でこの様な農地への転換は3倍となり、2005年には世界で560万haまで拡大して来ている。

②商業用樹木の採取

　樹木は、住宅用、工業用木材、パルプ用材、燃料用に用いられるため、森林から採取される。管理された状態での伐採であれば必ずしも深刻な森林減少を誘発しない。逆に森林を活性化させ、クリーンな酸素を豊かに放出する。自然体系を維持し、生物の多様性に対する影響も最小限におさえ、森林を農地等への転換を防ぐ意味での貢献もして来た。

　しかし統制の取れない樹木採取が多く、伐採に関係する道路建設を促し、入植と農地への転換を容易にし、森林減少を加速するケースが多い。森林地帯がいったん劣化すれば、農地がただ同然で入手出来るため、無節操な世界の投資家達が農地開発の許可を得、木材取得を実行したあと農地開発をせず、土地を放棄する。そのため森林地帯を故意に劣化させ、広大な土地を入手し、「棚ぼた」の利益を上げた例も多い。また、工業など他の産業活動も、木材の直接利用と人口増加を通じて各先進国の巨大企業である商社による商業用木材、木炭等の使用を拡大させ、森林劣化、喪失を引き起こしている。

③インフラストラクチャー拡大

　森林は、道路、居住地、公共サービス、パイプライン、露天掘り、水力発電ダム等

第 2 章　森林の持つ壮大なポテンシャルを引出し、地球の自浄を　　25

図 2-5

消費者に提示しなければならない項目①
地産地消を促すための使用木材の見える化を急げ

最近伐採した木材に電子タグを取り付ける事により、木材の行き先を最終まで追求する事が可能である。

　　　　構造体　　　　　　　　この木材の特質

使用木材

土台　　　　　柱　　　梁　　　垂木

産地＿＿＿＿＿＿＿　樹種＿＿＿＿科

伐採年＿＿＿＿＿＿＿＿＿＿＿＿＿

製材工場＿＿＿＿＿＿＿＿＿＿＿＿＿

炭素固定量＿＿＿＿＿＿＿＿＿＿＿＿

ウッドマイレージ＿＿＿＿＿＿＿＿＿

図 2-6 消費者に提示しなければならない項目②

木材は炭素の貯蔵庫と言われ、半永久的に固定する。低炭素化社会の極めの重要なポイントである。

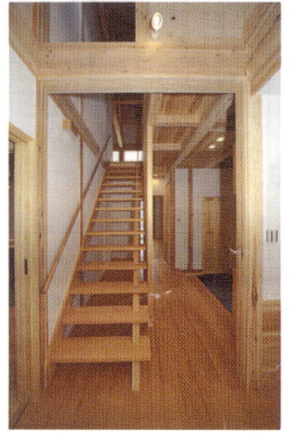

- 天井材・内装木材
  - 使用木材＿＿＿＿＿＿＿＿＿＿＿＿＿＿＿
  - 産地＿＿＿＿＿＿＿＿＿＿＿＿＿＿＿＿＿
  - 樹種＿＿＿＿＿＿＿＿＿＿＿＿＿＿＿＿＿
  - 集成＆製材メーカー＿＿＿＿＿＿＿＿＿＿
  - 炭素固定量＿＿＿＿＿＿＿＿＿＿＿＿＿＿
- 階段
  - 使用木材＿＿＿＿＿＿＿＿＿＿＿＿＿＿＿
  - 産地＿＿＿＿＿＿＿＿＿＿＿＿＿＿＿＿＿
  - 集成材工場＿＿＿＿＿＿＿＿＿＿＿＿＿＿
  - 伐採年＿＿＿＿＿＿＿＿＿＿＿＿＿＿＿＿
  - 炭素固定量＿＿＿＿＿＿＿＿＿＿＿＿＿＿
- フローリング
  - 使用木材＿＿＿＿＿＿＿＿＿＿＿＿＿＿＿
  - 産地＿＿＿＿＿＿＿＿＿＿＿＿＿＿＿＿＿
  - 製造工場＿＿＿＿＿＿＿＿＿＿＿＿＿＿＿
  - 炭素固定量＿＿＿＿＿＿＿＿＿＿＿＿＿＿

図 2-7 建材の対消費者に対する「見える化」の一例

この様な見える化を全建材に義務付けるべきである。
この建材は既に実践されているため、詳細に説明されている

桐産地　新潟県中魚沼郡津南町
扉製造　埼玉県比企郡○○町　○○木工所

炭素固定量 7.84 kg
CO_2削減量に換算すると29.0kg
地球温暖化防止に貢献しています。
（DW850　DH2050　DT35フラット扉）

断熱性　0.063 kcal/mh℃
耐火金庫の内貼りに桐を用いているのは、庫内温度を上げないためです。いかなる木材にもない断熱性能です。

衝撃に強くメンテナンス可能
半永久的にお役に立ちます。
ベタ芯のため、フラッシュ扉と異なり、表面に傷が付くだけですので、メンテナンス可能です。

耐火性能、防火扉の芯材にも
桐が用いられています。
箪笥により大切なものを火災から逃れた例は多く伝えられています。又、国交省認定の防火扉の芯材に桐は多く使用されています。

抗菌性、耐水性に強く
扉内部にカビを発生させません。
桐が重要文化財、大切な衣類、書類入れ箱に用いられているのはそのためです。

遠赤外線の豊富な放出
心身を休める作用があります。
扉上下を桐をむき出しているのは遠赤外線の放出を止めないためです。遠赤外線の人間に対する効用は言うまでもありません。健康的な人々の暮らしに貢献します。

扉製造年月日　扉丁番側大手部分に表示してあります。

認定 No 08-115-008
（財）日本環境協会

このマークは非常時発光し、避難路へ誘導します。このマークの下をたどれば、ハンドルがあります。

KIRISHIN-S35

桐
ベタ芯

により開拓される。中でも道路の建設と改善は、インフラストラクチャー開発のうちで森林減少を最も加速させている。道路が直接的に森林を減少させているだけでなく、流通費用の低減により、遠隔地における採取が可能となるためである。この結果、森林フロンティアの拡大による森林破壊を加速させる結果となっている（出典：CIFOR 2008）。

インフラストラクチャーは、各国商社による天然木採取を容易に加速させるだけでなく、高価な天然木採取のため、一般天然木材を犠牲にするケースも多い。

例えば樹齢300年にも達したカエデの根は、小鳥の目を連想させる模様を持ち世界的に人気の高い木材、バーズアイメイプルと呼ばれ、0.2 mm厚の突板の原木となり、1根（バール）数億円単位で取引されるケースもある。その他、ホワイトシカモア、クロラフォールナット、ブラジリアンローズ、アメリカンチェリー、ウォールナットは、木のダイアモンドとも言われ、先進諸国の建材として超高値で売買されるため、インフラストラクチャーにより、フロンティアを拡大させながら採取されるケースが多い。高価な木を採取するため、森林の中に大型車輪を走らせる道路をつくるため、放置される一般森林の犠牲は大きい。世界の批判を浴び、その様な行為は少なくなったとは伝えられているが、倒された一般木材の復活には80～100年と長い時間が必要となるため、傷跡は深く、容易に復元出来るものではない。木に対しては特に高級さを求める日本人の高い需要から、日本の商社による乱獲は森林の奥地までに及んだ。低炭素化社会で許される行為ではない。

我国の輸入木材の量による世界森林へ与えるダメージについては前述したが、天然林喪失の原因の主なる原因は建材として高収益を得られるためである。ただし、商社の介入により、収益が地元住民に必ずしも満足を与えるまでには至っていないため、高収益が得られる農地に変わってゆくケースも喪失の大きな原因になっている。

天然木採取後の跡地に植林されるケースでは早生樹が植林される。主にこの樹種は、パルプの原料とする目的で植林される。建材としては合板・MDF・パーチクルボードに用いるのがせいぜいで、住宅用主要建材としてはほとんど使用されていない。

5. 化石燃料と同等に評価されなければならない地球規模での「炭素権」確立の重要性

森林喪失の原因はいろいろ分析しては見ても、所詮収益性の低さによる伐採後森林育成業からの転換によるものと言える。京都議定書では、森林によるCO_2吸収量を、自国の温室効果ガス削減目標に繰り入れる事を限定的、条件付ではあるものの認めている。日本の場合、2007年までの毎年20万haの間伐をするとの条件付でわずか3.8%が認められている。

ここで問題になっているのが、森林を個人で所有している民有林で吸収したCO_2は誰のものかという所有権問題である。誰もが所有者のものと思うのが自然なのだが、

断定出来ない各国の複雑な事情がある様だ。

　日本でこの問題を最初に提起したのは、北海道の下川町で、町有林で吸収したCO_2を海外の排出権市場で売却する事の意思を示し、注目を集めた。日本では森林が吸収する所有権問題の議論が今もって進んでいないため、下川町提言に対する取り組みについては賛否両論が混在している状況であり、不可解な事にこの問題は前進していない。

　一方、海外、特に、オーストラリアでは森林が吸収したCO_2の所有権を「炭素権」とし、森林所有者に認め、この炭素権を排出権取引の対象にしようと動き出している。また、オーストラリアの隣国ニュージーランドでは、この炭素権をいったん国のものとし、これを海外の排出権市場で売って、得られた利益を国内の造林資金にあてる事が検討されている(出典：小林紀之著『地球温暖化と森林』より)。この様に「炭素権」を認めるか否かは、国によって判断の分かれる問題だが、前述したとおり、日本が世界に先駆け一刻も早く炭素権の売買を認めるための基準を作るべきである。それにより得た収益を、整備された森林造りへの資金の創設、破壊された木材価格への補填に用いて、国産材使用への道を開かせる結果へと繋げるべきである。このシステム作りで重要な事は、炭素権を化石資源と同等の評価を与える価値観の意識改革である。「化石資源で形成してしまった温室効果ガスは、森林資源で修復しなければならない」との思想に基づいて規準造りをすれば、産油国並みの価値観こそが森林を健全に保つために努力した森林組合や森林所有者への収益を高め、森林産業復活への大道となる。

　世界の森林に目を向けた場合も同じで、管理された健全な森林による炭素権収入を森林を所有する発展途上国の有力な収入源として認め、化石燃料本位制から炭素本位社会へ移行する。森林を健全に管理する事により、高度な収益を得る事が出来れば、息の長い循環型森林社会を構築する事が出来る。この様にして整備された森林による計画的な天然木の採取は、世界の建築用建材として高収益で販売する事が出来、森林育成産業は豊かな産業に変わる。

　炭素権は、国有林なら国、民有林なら所有者が得る権利である事は当然である。ただし、森林の健全性、管理システム、吸収量の査定、売買価格に関しては民間企業の仲介で始まっているが、民間商社、及び、投機家が悪用し易い分野でもあり、国、及び、国連が関与し、第3者機関により厳格な監査により施されるべきである。先進国における森林国家でありながら森林国家と自負出来ない状態におかれている日本においてこそ、「炭素権売買システム」を世界の動きを見て決めるのではなく、率先して構築し、先ず日本の林業を復活させ、地球上の天然林喪失防止策に対し、リーダーシップをとるべきである。長い時間を掛け炭素権を論じている余裕は余命が告げられている今の地球には残されていないはずだ。

6. 期待膨らむ森林発電

　化石燃料資源を用いて発電した電気をプラグから充電する電気自動車が、大気中の炭酸ガス削減に大きく貢献しているが如きに宣伝され、行政も過大な助成をしているが、電力生産時に発生する炭酸ガスを差し引きすると意味はほとんどない。

　それに対して、森林接近型小型発電所を数多く各地に創設し、その場で木材を使って発電して、それをリチューム電池に蓄電し、ガソリンスタンドや各家庭に配送して使用するシステムが今注目されようとしている。

　森林発電の提唱者でもある林一六氏（筑波大学名誉教授）によると、乾燥植物1グラム（一円玉程度）から高酸素分圧下で取得出来るエネルギーはおよそ17キロジュール（約4000 cal）であるとされている。まさに森林はエネルギー資源の宝庫と言える。

　図 2-8 は、私と林教授の交信の仲介をしていた私のスタッフが作成したものであり、林教授から優秀なスタッフだと賞賛された図でもある。

　化石燃料（石炭・石油）は、太古の昔、植物の光合成により作られた太古の太陽エネルギーと炭酸ガスであり、現代地球上に放出されて大気中の炭酸ガス濃度を上昇させる。それに対して現在の植物の光合成により炭酸ガスを吸収した植物から取得出来るエネルギーは、化石燃料の約61％と効率は低いが、発電の時発生する炭酸ガスは、生態系内を循環し、大気への影響はプラスマイナスゼロとなる。

　一方、火力発電所で発電に用いる化石燃料は、遠い原産地からの採掘と長い輸送によるエネルギーの消費で生態的エネルギー効率としては高いとはいえない。また、発電所で作られた高電圧の電気も発電所からの送電途中、変圧器によって減圧され各家庭に到達するまでには約100ボルトの電圧として使われる。

　従って、燃料が持つ単位エネルギーだけで単純に比較をする事は適切な効率比較とはならないと、林氏は指摘する。

　今発電している高圧電力は、高電圧を必要とする工場、又は、新幹線を含む電車等に用いる事とし、各家庭、自動車に用いる電力は森林発電による電気で賄う、分電型発電が好ましいと氏は語る。

　我国が京都議定書で約束した削減量6％の中の3.8％は、森林による吸収で賄う事が、IPCCにより認められているが、その条件として、2000年から10年に渡り年間20万haの植林地の間伐が義務付けられている。まともな間伐では間に合わなくなり、最近では森林を虎刈り頭の様に縞模様の如く、乱雑に切り倒す方法が採られている。黒い森に風通し、陽当りを良くし、光合成活動を正常化する方法として、あまりにも乱暴な手段である。その上、伐採された材の処理にはほとほと手を焼いているのが現状である。宝の山の使い道に対し、森林面積の少ない国から見れば、天から罰が下る様な盲目な行政が展開されている。

　森林生態系を木材生産の場、自然保護、環境保全の場、エネルギー生産の場として

第 2 章　森林の持つ壮大なポテンシャルを引出し、地球の自浄を　　　31

図 2-8

＜森林発電＞
エネルギー資源運搬、送電、変圧等簡略化による電力生産システム

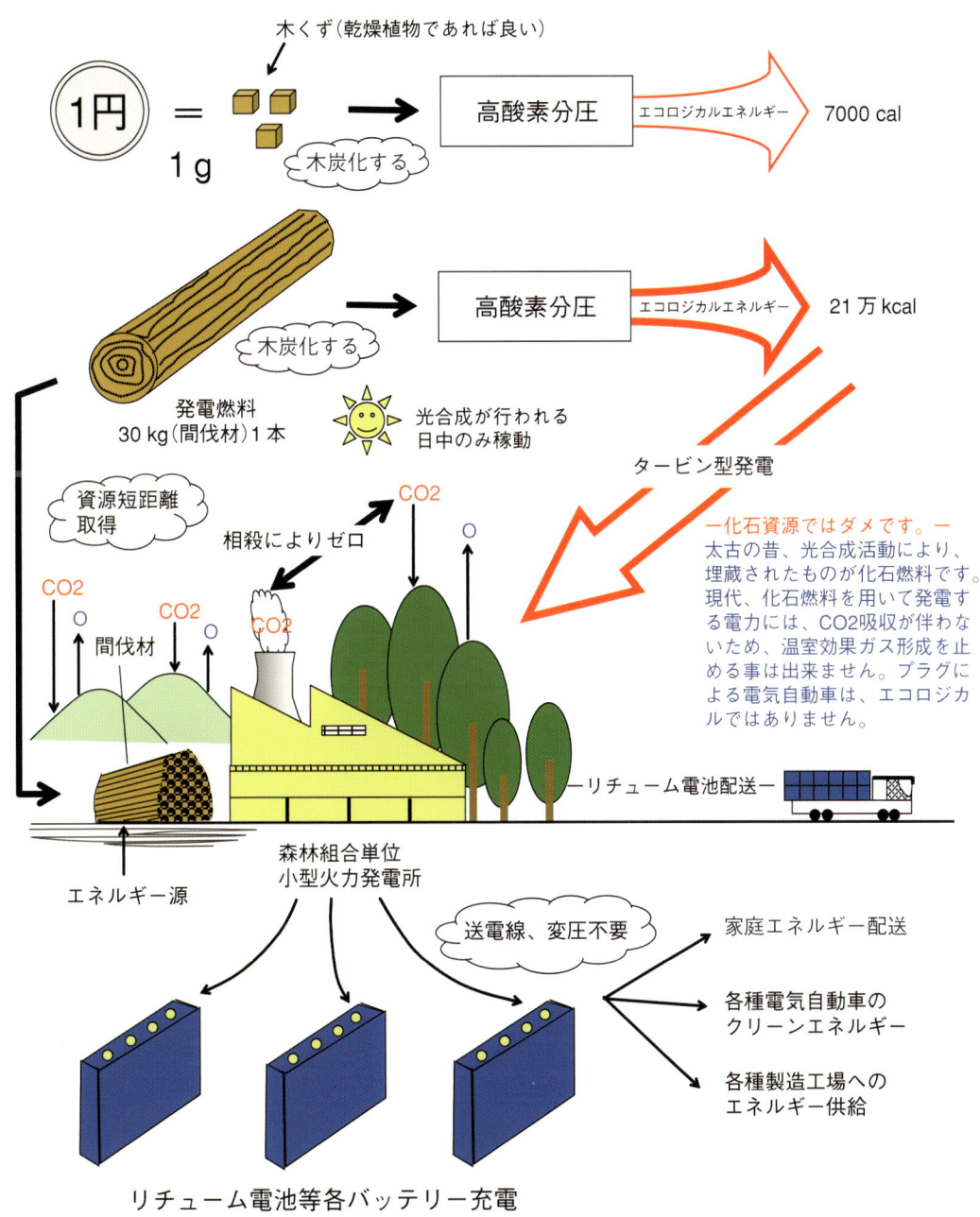

木くず（乾燥植物であれば良い）

1円 = 1g → 木炭化する → 高酸素分圧 → エコロジカルエネルギー 7000 cal

→ 木炭化する → 高酸素分圧 → エコロジカルエネルギー 21万 kcal

発電燃料 30 kg（間伐材）1本

光合成が行われる日中のみ稼動

タービン型発電

資源短距離取得

相殺によりゼロ　CO_2

CO_2　O　CO_2　O

間伐材

―化石資源ではダメです。―
太古の昔、光合成活動により、埋蔵されたものが化石燃料です。現代、化石燃料を用いて発電する電力には、CO_2吸収が伴わないため、温室効果ガス形成を止める事は出来ません。プラグによる電気自動車は、エコロジカルではありません。

―リチューム電池配送―

エネルギー源

森林組合単位
小型火力発電所

送電線、変圧不要

→ 家庭エネルギー配送
→ 各種電気自動車のクリーンエネルギー
→ 各種製造工場へのエネルギー供給

リチューム電池等各バッテリー充電

基礎研究　筑波大学名誉教授　林一六
共同開発　RDクロイワ建材株式会社

位置づけ、それぞれに適した立地区分にしたがって利用するのが必要であろう。

　国土の70％を森林で占める先進国は、日本とフィンランドだが、早生樹を植林し、循環型に活用する事で、森林発電は世界各地で実現する事は決して難しい課題ではない。単に木材として輸出している途上国も、電気に変える事で貧困から脱却出来る希望が膨らむ。

第3章　早生樹「桐」に託す自然林保護

1. 中国に見る森林拡大の背景

　世界の森林喪失が、アマゾン流域の熱帯雨林を主なホットスポットとして減少速度が極めて危険な速度で継続していると、FRA(世界森林資源調査)は警鐘を鳴らしている。

　木材輸入大国日本を例にとると、総輸入量 2,056 万 m^3 の内 79% が自然でしか採取出来ない原木と製材された住宅用木材である。従って、早生樹による植林を拡大しても、自然林喪失は止まらないのである。

　アジアのいくつかの国ではかなりの規模で再生林活動も行われている。インドとバングラディッシュでは、国土に対する森林の比率を安定化させる事に成功しているが、これらの国の木材は輸出まではされていないためである。

　特筆すべき国は中国で、世界各国に輸出しながら年間 410 万 ha (年間 2.2% 増)と驚くべき森林面積を増やしている。木材産業の主軸が輸入した原木を加工し、輸出している事も一因だが、森林の年間増加率は 1990 年代の 2 倍に相当する。その理由は、天然木の伐採を法律で禁止している事と、主に桐、イタリアンポプラといった早生樹が植えられている事である。桐の主要輸出国は主に日本であるが、近年日本が桐集成材による防火扉の開発により工業用品として桐の集成材を大量に輸入している事から、アメリカ、ドイツが関心を持ち、桐の特性を学び、住宅用断熱外壁材としてアメリカ国内での普及が進み、大量に中国から輸入している。中国は、桐、及び、ポプラ等の生産力の他に、これらを集成する労働力に優れ、先進諸国が及ばないローコストで半製品、また、完成品にする。アメリカやカナダ、ドイツ等の先進国が、自国で採取した原木を中国に送り、半製品、完成品にしたものを再輸入しているのもそのためである。世界全域の森林喪失が続く中で、唯一中国だけが森林を増やしている背景には、以上の様な先進国に対する住宅市場への供給による木材産業の高収益の確保が大きな背景となっている。

　日本の課題として、桐育成に関しては、生産者の意識改革が出来、炭素権販売システムが導入されても、輸送、加工段階でのコストが厚い壁となっている。

　豊富な中国の労働力に対抗するためには、木材乾燥技術・集成技術を主軸にした全自動加工システム化の促進であり、この分野に対する行政からの助成が強く求められる。

2. CO2 削減工場と言われる桐の力と、他の早生樹に見られない桐の特性

『桐の超能力』を著した(故)森崎勉氏は、序文で、「祖父の代から3代に渡って木とともに生きて来た。自然に育まれた数多くの木と接して来たが、中でも桐は、高貴な木、瑞祥木と呼ばれ、磨かれた美しさ、奥ゆかしさ、和やかさ、肌触り、品のある光沢……どれをとっても他の木材と異なり、私たちの先祖が生活のよりどころとして来た事が良くわかる。ハイテク技術、バイオ技術、21世紀を間近に控えた超文明の今だからこそ、自然との調和を考えていかなければならない重大な岐路に立っている、私はそれを桐に託す」と述べている。更に、森崎氏は、「桐の木が何か大切な事を懸命に私に語りかけている……」と、既に平成初期故人となってしまったが、名工と呼ばれた木工職人で木を知り尽くした人物が、まるで現在の地球環境を見通して書いたが如くメッセージを残している。

本書の「まえがき」でも記述しているが、私は1989(平成元)年、ドイツ製木製防火扉を初めて我国に提唱し、建築基準法改訂に繋げたが、その後日本で開発した木製防火扉の主要部材には全て桐を用いた。ISO(国際基準)のテストをクリアーした事により、日本防火扉市場の一角を形成した。やがて日本に対する桐輸出国、中国を仲介し、アメリカでは住宅の断熱内・外装材に、ドイツでは断熱内装建材として、集成された桐は建材としての進化を世界に広げている。桐の特性については第4章に詳しく記すとして、学習し、科学的データが出るたびに、桐の持つさまざまな魅力と遭遇する事になる。最大の特性は、幼生期の桐は葉が CO_2 を吸収するためのパラボラの様に広く、杉の4倍と言われる速度で生長し、植林後1年で2～3mに達し、20年で成木になる早生樹である。にもかかわらず建築用材料としての資質を持つ樹種は桐を除いては他には見当たらない。

因みに天然の、杉、ミズナラ、松、ケヤキ等は、1年目で20～30cmの成長速度で、成木までには80～100年の歳月を必要とする。

表3-1は、我国4大桐産地の1つ、新潟県津南町森林組合から入手した1haにおける桐の生長を示したものである。

1haの生産量は植林後20年で160m³に達する。従って「立木一生」と言われる他の多くの樹木の生産とは大きく異なり、循環型森林として農業にも近い感覚で栽培出来る持続生産可能な樹種である。

桐は真冬の気温が平均で零下4℃以下にならなければ、世界各国で生息出来る生命力に富んだ樹種でもある。樹種と表現したのは、桐は木材として扱われず、わが国においては茸や竹と同種に取り扱われている特用林産物として区分されているゴマノハグサ科の植物であるためである。

他の天然木にない数々の特性を持っているのもそのためで、省エネ時代の住宅に求められる。寒さ、暑さ、湿気、割れ、腐れに対して、現在住宅用構造体始め、内装材

表3-1 桐の生長速度

単位：1ha

林況			材積(単位：m³)
樹齢	残存本数	胸高直径(cm)	(循環型)
1年	400本/ha		
2年	400本/ha		
3年	370本/ha		7
4年	370本/ha		11
5年	370本/ha		17
6年	350本/ha	12	21
8年	330本/ha	14	29
10年	310本/ha	18	46
13年	280本/ha	22	80
15年	260本/ha	26	105
18年	230本/ha	30	146
20年	210本/ha	33	160
		1ha	160 m³

魚沼地方桐栽培技術指導指針による。

資料提供、新潟県津南町森林組合
地位地利　1等

1haによるCO_2吸収能力 88.8t　炭素固定量 24t

計算式 〔(160／m³ × 0.3) × 0.5〕× $\frac{44}{12}$　（CO_2削減量）⇒ 88.3t
　　　　　　　　　　（比重）　　　　　　　（炭素固定量）⇒ 24.0t

この吸収速度は、桐に次いで速いと言われる杉の4倍である。
（森林総合研究所お客様相談室より聴き取り 2009.6）

CO2吸収量計算は、葉、枝、根、土壌、また伐採と燃焼に伴う緻密な計算が必要だ。ただし90％以上幹の体積を基数としている事から、荒削りの数字であることをお許しいただきたい。

に用いられている。建築用木材より優れたクオリティーを持ち、集成することにより、世界各国の長期対応断熱型住宅に対応出来る建材としても相応しい樹種である。

早生樹について記述している一部専門紙の中に、

　　Paulowuniaまたは、tomentosa（桐の英名）は、東南アジアの温帯、熱帯、亜熱帯地域に広く分布している。

　　生長は速いものの、土地が肥沃な場所に限られる。そのため、まとまった区域で植えられるよりも、耕作地の周辺、道路や運河沿いに農作物と共に列状に植えられる事が多い。ヨーロッパ、アメリカには主に観賞用として導入された。

　　しかし、ブラジル、パラグアイ、アルゼンチン、オーストラリアでは、木材生産での試みはほとんど成功していない。また、生長は速いが、ブロックで植栽される事はめったにない。

と記述されている（出典：CIFOR 2005）。

　ただし、日本の桐の産地は、北海道から鹿児島、ほぼ全土に渡り、1965（昭和40）年までは肥料を与えるブロック型生産で年間40万m^3を生産していた。また、ブラジル、アルゼンチン、アメリカ、台湾から56％、中国から43％と1965年頃まで輸入していた記録があり、日本の全産地を始め、ブラジル、アルゼンチン、アメリカの産地をも喪失させた大きな理由は、需要の大半を占める日本に対し、中国での生産量が拡大し、加工面、輸送面でのコストで中国に日本を含め他国が対抗出来なかったためである。

　桐は、自然林が喪失した跡地への植林樹として、大量のCO_2を吸収しながら、世界各地で生産可能な早生樹である。低炭素化社会、断熱性が求められている世界の住宅市場に対し、高い断熱性、割れにくく、耐腐性を持つ桐は、住宅を求めるエンドユーザーに対し説得力を持って、大きなマーケットを創造する事が出来るユニークな樹種である。住宅用建材として歓迎される事は、収益性の大きな樹木であることを意味する。また、培肥生産により、より安定した生産が得られると多くの桐生産者は語っている。

　余談になるが、桐の種子は小さく1つのさく果に1,000～2,000粒も入っており、子孫を残そうと風に乗せて遠くに種子を飛ばす。なぜか日本の山中で戦後盛んに行われた炭焼きの跡地を好んで芽を出し、生長したと伝えられている。とすれば、焼畑により失われた世界の森林跡地には最適という事にもなる。

　寒いヨーロッパ諸国も含め、世界的に生息しながら、「柔らかく、釘も効かず、燃えにくく、使いものにならないが、花が美しいから観賞用にしている」と最近までヨーロッパ諸国からは建材として見放されていた「桐」だったが、誰もが予測さえしていなかった「低炭素化社会」の到来により、魅力に満ちた深い素質が建材のエースとしてベールを脱ぐ時代が、省エネ、長期住宅の先進国ドイツにおいても始まった。

3. 荒廃した日本の森林に認められた CO_2 吸収量と桐森林による吸収力との比較

　昭和 40 年初期までは、国内各地で年間 20 万 m^3 以上生産されていた桐だが、2008（平成 20 年）では、秋田、山形、福島、新潟、岐阜高山、茨城、栃木合わせての生産量が、1,400 m^3、ピーク時の 0.7 ％とほぼ壊滅してしまった。

　生活スタイルの変化で、桐箪笥を持って嫁に行く習慣は薄れたとは言え、防火扉を始めとする木扉、床材（フローリング）、クローゼット、家具等の人気は高く、桐の需要は拡大している。それにもかかわらず桐生産量は、品質を競い合う趣味の盆栽的規模と言わざるを得ない程まで落ちぶれてしまった。隣国中国に奪われた典型的産業である。

　中国の桐は、古来より生息は知られ、遠くギリシャからインドを経て中国に伝わり、日本には仏教伝来に伴い渡来したと古書には記されている。

　戦後、中国では毛沢東主席による「国を緑に」との号令のもと、多くは成長の早い桐の植林をした、黄河と揚子江に挟まれた中国一帯の平原は、雨量が少なく、しばしば襲ってくる干ばつにより大きな被害を出していた。そのため小麦を守るための保護林として成長が速く、大きな葉で日陰をつくる桐を選んだと言われている。桐の持つさまざまな特性（耐火、断熱、調湿、防腐）を知らない中国人は、日本が桐を高く、大量に買ってくれる事だけを喜び、ひたすら農地の周りに植林し、安い労賃で製材にした桐材を惜しげもなく日本に輸出した。

　日本の 4 大桐生産地と言われる新潟県津南町を例にとると、同じ新潟県内で隣り町とも言える加茂市は、全国有数の桐加工工場が立ち並ぶ、しかし津南から桐を求める工場はなく、全て中国からの安い桐、その中の極上品の柾目部分だけを欲しいがままに輸入している。台湾、アルゼンチン、ブラジル、アメリカの桐産地も、中国から日本に届く桐の生産量と、労働力の安さ、短い輸送距離によるコストには歯が立たず次々と桐の生産から手を引いた。ブラジル大使館商工部に尋ねると、植えろとけしかけながら買ってくれず、広大な面積で成長させた桐の全てを立ち枯れさせてしまったと桐生産の苦い経験を語る。そのため、日本の商社に対する不満が残り現在も桐生産に対し嫌悪感をあらわにする。

　新時代、すなわち低炭素化社会に入り、日本の行政、及び、桐産地は他の木材にはない桐の性能を改めて見直し、桐森林育成と需要に真正面から取組まなければならない時代に来ている。その理由の第 1 は、桐森林を育成する事は巨大な CO_2 吸収工場とも言える施設を稼動させる程の大量な吸収力を持っているからである。文字通りグリーンニューディールの主役である。第 2 は、永く工芸品としてだけの材であったとする考え方を改め、桐は省エネ、長期優良住宅造りに対し最適な主要建材である事を学ぶべきである（詳しくは第 4 章で）。

以上2点に対しての意識改革が必要である。CO_2削減に対する威力を認識するため、とりあえず地球温暖化防止に対し、京都議定書で日本が国際社会に約束したCO_2削減目標量7,500万トンを桐森林と現存森林だけで達成するための比較計算をしてみよう。桐の1haの年間CO_2吸収力をベースとし桐森林の必要面積を算出してみる事にする。削減目標の内、在来の国内森林による吸収量を3.8％(4,800万トン)と、国際機関は、年20万haの間伐実施を前提として、認めているので、残る2,700万トンを桐森林に吸収させるための桐森林の必要面積を荒削りではあるが算出した。すなわちCO_2削減目標を全て、現在日本が持つ森林と桐森林の復活で達成する事を前提とした比較表である。

     ①   ②   ③
   27,000,000トン ÷ 89トン ＝ 305,800 ha
 ①桐に吸収させる削減対象量 ②桐1ha当たりCO_2吸収量 ③必要面積

上記の計算式が示す通り、単純計算ではあるが、桐森林必要面積はわずか305,800 haで2,700万トンのCO_2を吸収する事が出来る。この桐面積は、日本の農地における耕作放棄面積39万ha(出典：農林水産省平成17年報告書)と奇しくも近い面積であり、埼玉県の面積とほぼ同じである。日本の森林面積に対しわずか1.2％の桐森林面積があれば、総削減目標の36％を補う事が可能という事になる。グラフにして見ると、**図3-1**になる。杉、ナラ、ケヤキ、ヒノキが成木になるには80年から100年の長い歳月が必要であるのに比較し、桐は約4倍の速さ20年で成木に達する事から、待ったなしの状況に追いつめられている、地球温暖化防止に対し、桐森林を全国に復活させる事は極めて効果的なCO_2削減手段と言える。

図3-2は、整備されていない日本の全森林(2,512万ha)による国際社会が認めたCO_2吸収量と、小面積桐森林によるCO_2削減能力を比較したものである。

4. 森林産業を「高収益産業」に導く桐

学習する程に世界森林喪失の主なる要因は、「貧しさ(森林産業)からの脱出のため」と集約される。「炭素権売買」は別として考察しても、桐は世界の全気象に対応出来る多くの特性を持っているため、パルプや合板、MDF向けの早生樹と異なり高い価格で取引する事が出来る。そのため発展途上国においては、桐原木生産から二次、三次加工までの雇用が生まれる。現在の中国を見れば理解出来るが、永く桐が工芸品のための素材だった時代から、集成する事による工業用品(建材)としてデビューしたため、桐材は売り手市場となっている。第4章で詳しく説明しているが、桐は世界の住宅の構造体、内外装が求めているクオリティーを満たす諸性能を持っている。植林からわずか20年で成木になる事から、循環型、持続可能な供給の出来る樹種である。

極最近まで諸外国において「桐は柔らかく、釘も効かないし、燃えにくく焚き木にもならない」と木材としての認知はされていなかった。アメリカでも桐は豊かに自生し成

第3章 早生樹「桐」に託す自然林保護　39

図3-1　20年で成木となる桐森林循環時間は杉の1/4
＜CO_2削減工場＞たるゆえん

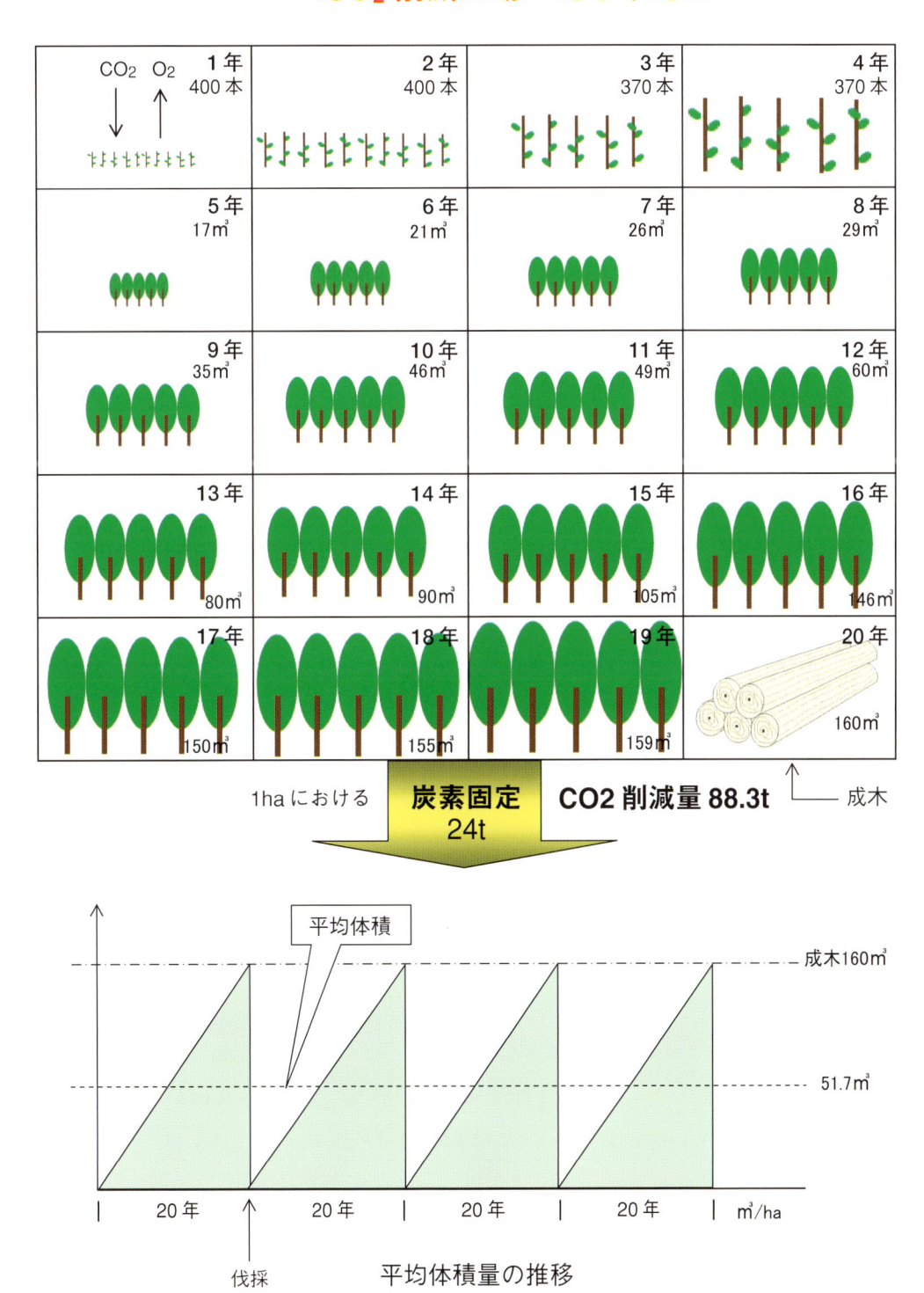

1年 400本 (CO_2 ↓ O_2 ↑)	2年 400本	3年 370本	4年 370本
5年 17㎥	6年 21㎥	7年 26㎥	8年 29㎥
9年 35㎥	10年 46㎥	11年 49㎥	12年 60㎥
13年 80㎥	14年 90㎥	15年 105㎥	16年 146㎥
17年 150㎥	18年 155㎥	19年 159㎥	20年 160㎥ 成木

1haにおける　**炭素固定 24t**　CO_2削減量 88.3t

成木160㎥ / 51.7㎥

20年 | 20年 | 20年 | 20年　㎥/ha

↑伐採

平均体積量の推移

図3-2 未整備な日本の森林によるCO2削減量と早世樹桐森林による吸収力の比較

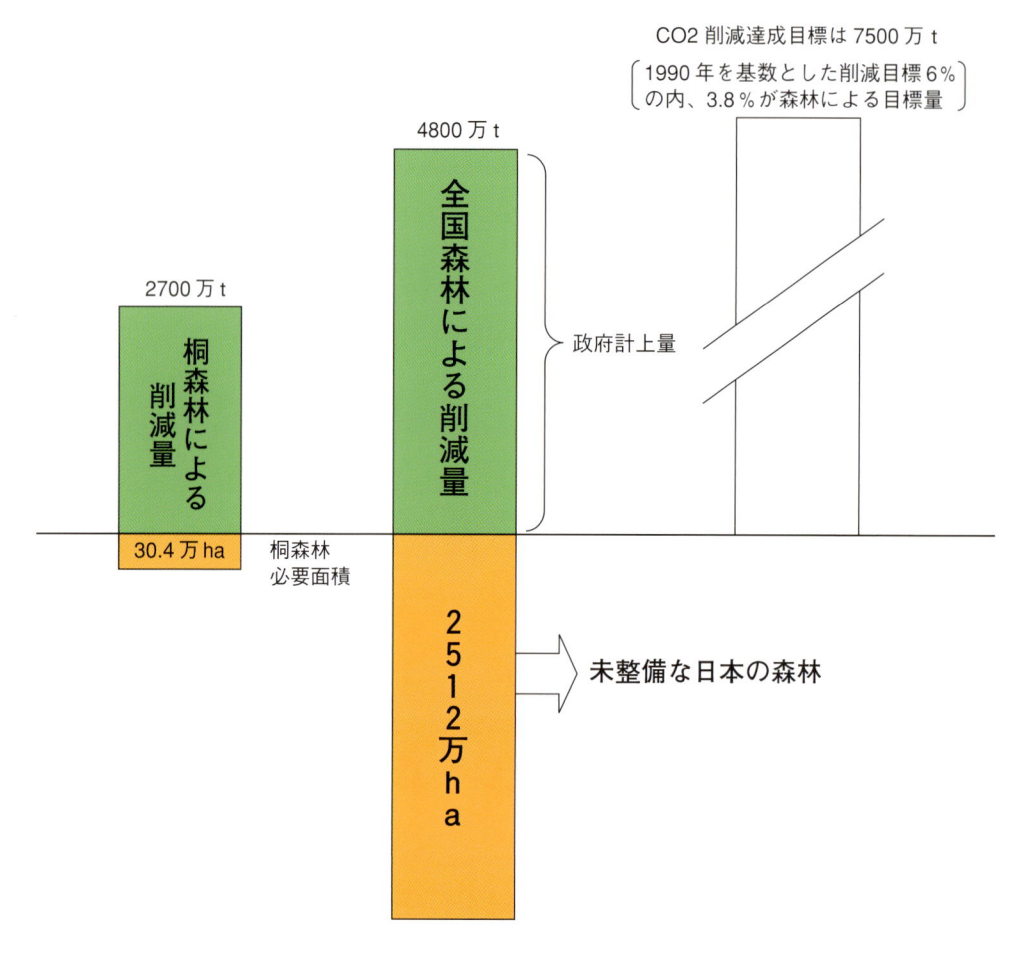

CO2 削減達成目標は 7500 万 t
〔1990 年を基数とした削減目標 6％ の内、3.8％が森林による目標量〕

4800 万 t 全国森林による削減量

2700 万 t 桐森林による削減量

30.4 万 ha 桐森林必要面積

2512 万 ha → 未整備な日本の森林

政府計上量

888 千 t（1 万 ha）の桐森林 CO2 削減量

2700 万 t ÷ 88.3 万 t ＝ 30.4 万 ha

管理された桐森林による CO2 吸収力は、1 万 ha 88.3 万 t のため、必要吸収量を 88.3 万 t で割ると単純計算ではあるが必要桐森林面積 30.4 万 ha が算出される。極めて性能の高い桐森林力である。

整備されていない日本の森林は正常な光合成活動が行われず、倒木等によるメタンガスまで発生している。メタンガスは温室効果ガス形成に対し、CO_2 の約 20 倍のパワーがある。そのため国際機関（グリーンメカニズム）は、2007〜2012 年の間に毎年 20 万 ha の間伐等の整備を日本国政府に義務付ける事を前提とした上での森林による削減量 4,800 万 t を認めている。

長する事から、やむなく航空荷物の梱包材に用いたら、軽量のため運賃が4割安くなったと喜ばれる程度だった。

　ドイツでもごく最近まで燃えにくく何の役にも立たないが、花が美しく、オランダの女王の名前、ポローニアと名付けられている事から、主に観賞用にされていたのである。桐の最大の需要国日本においても、柔らかい桐は建材には不向きで、かつ、釘やビスが効かないと思い込んでいる人々が今でも多い。

　日本において1991(平成3)年から、防火扉に用いて国際基準の認定を取得した事から、アメリカ、及び、ドイツが興味を持ち、桐を学習した。さらに中国から大量に日本に出荷される桐集成材を見た事に刺激され、アメリカでは住宅の外壁に、ドイツは断熱内装材にと大量に輸入を始めた。桐の特性を従来とは全く異なった角度から理解する事により、エコ活動に積極的な寒いEU諸国、また、寒暖の差の大きいオーストラリア、ニュージーランドを始めとする南半球の住宅市場への需要は爆発的に高まる事が予測される。

　腐れ、割れに強く、断熱性の高い桐を用いる事により、耐用年数の伸び、寒さ暑さにも強い住宅の取得に繋がる事が長い時間を必要とせず体験として理解出来ると予想されるためである。

工業用品「桐」対象アイテム

（○印は桐の葉、及び外皮を原料とする）

防火扉／床／階段／垂木／野地板／土台／梁／柱／天井／扉／内外壁／障子／テーブル／浴槽／内装／襖／筆筒／椅子／テーブル／金庫内貼／掛軸箱／クローゼット／手摺／釣り餌箱／○防虫剤原料／○養毛剤原料

集成技術の発展こそが建材としての桐材活用の道を大きく切り開いたものと思われる。

第 4 章　住宅向け早生樹「桐」の優れた諸性能

1. 工業用品「桐」のデビューは防火扉だった ── 耐火性、断熱性の高さが国際的に証明された

　木製防火扉が登場した1989(平成元)年6月まで我国の防火扉は、鉄に限定されていた。現在、一般戸建住宅では、なぜか600℃を超すと溶け、断熱性が最も低い素材、アルミが玄関扉の主流になっている。

　本書の前書きでも書いてある様に、著者である私がドイツより木製防火扉を持ち込み、建設界に木材の火に対する安全性を証明し、提言したのは、1988(昭和63)年だった。建設省(当時)、建築研究所(筑波)において木製防火扉に対するテストで初めて加熱実験を行った増田秀昭主任研究員は、木の耐火性の強さに感嘆し、加熱実験開始後20分(加熱温度が800℃にさしかかる時間)、興味深く見守る私の肩を思い切りたたいた。後日その意味を確かめると、「鉄の防火扉が極めて危険な状態になる」時間だったからと説明してくれた。

　鉄は燃えないものの、熱に弱く、変形する。更に、非加熱側への熱伝導(輻射熱)が速く、裏面もフライパンの様に熱くなり、極めて不安定な状態になる。それに対し、木は、熱伝導率がスチール、アルミに比較し、図4-1の様に著しく低い。図の示すとおり、ISO(国際基準)に従った加熱に対し、鉄扉の裏面温度が60分間で600℃に達しても、ドイツ製のパーチクルボードとケイサンカルシューム板を併用した木製防火扉の裏面温度は90℃であった。その後日本で開発した桐を芯材とした防火扉の裏面温度は34℃とほぼ平常温まで落す事が出来た。加熱温度、時間は国際的に鉄も木も全て同条件の事から、桐の断熱性の高さを証明する結果となった。

　桐が火に強いとは先人達により伝えられてはいたが、建材となるために工業用として国際基準によるテストを受けたのは世界で初めての事だった。

　防火扉の場合、それぞれ試験体は2体ずつ造り、片側(廊下側)(室内側)と分けて同条件で加熱する(同時加熱ではない)。扉の枠形状が、内外で異なるためである。

　図4-2は、その断面である。FL(床面)との隙間からは加熱側に空気を吸い込むため非加熱側に火の出る事は先ずない。ただし、扉と枠との隙間から発煙出火する恐れがあるため、加熱発泡剤が扉大手下に埋設されている。大手が燃え着火温度に達すると発泡を開始し、約10〜20倍に発泡して、扉と枠との隙間を埋め、非加熱側への煙、及び、火災の侵入を押える。日本の場合、木製防火扉が上陸するまでこの様な煙に対

防火扉加熱テストによる鉄、桐扉の輻射熱の相違

図 4-1

● 輻射熱対比グラフ

（グラフ：縦軸 0〜1200℃、横軸 加熱時間 0〜180分）
- 鉄扉裏面温度（東大実験室）
- 90℃（ドイツ製防火扉）
- 34℃（桐防火扉、建材試験センター）
- ISO加熱曲線
- 安全性を意味する。

- **赤** 国際基準 ISO 加熱曲線、加熱曲線による加熱時間は 180 分まで印されているが、耐火壁、コンクリート、超高層ビル用コンクリート等のテストにもこの曲線を基準としているためである。住空間に用いる扉は各国共通で 60 分である。
- **ブルー** 鉄扉裏面温度、鉄扉は点火後 10 分で 500℃に達し、近くにある可燃物を発火させる程高い輻射熱である。
- **橙** パーチクルボードをケイ酸カルシュウム板でサンドイッチしたドイツ製防火扉の裏面温度は 90℃であった。
- **グリーン** 桐を芯材とした防火扉の裏面温度、60 分加熱後、平常温 34℃であった。

資料：ISO 曲線は各国共通、その他の資料はクロイワ建材研究所が（独）日本建材試験センター、東京大学菅原研究室で出したものである。

熱伝導率
（扉裏面温度）

	熱伝導率
アルミ	21.70 w/m²h
スチール	12.50 w/m²h
ミズナラ	0.514 w/m²h
桐	0.265 w/m²h

熱伝導……物体が熱を伝えること物質を固定した状態において、熱が物体の高温部から低温部に動く現象を示す数値である。

数値が低いほど熱伝導率が低い始まった高度経済成長である。昭和 30 年後半より始まった高度経済成長で、日本中の家はアルミサッシに変わったが、隙間風を防ぐだけの効果で、面からの熱移動に対しては木には遠く及ばない、断熱性としては貧弱な数値である。省エネルギー時代の建築素材として相応しいとは言えない素材である。

第 4 章　住宅向け早生樹「桐」の優れた諸性能　　45

図 4-2　ISO 基準加炎、加熱試験にクリアした木製防火扉の断面（国交省認定品）

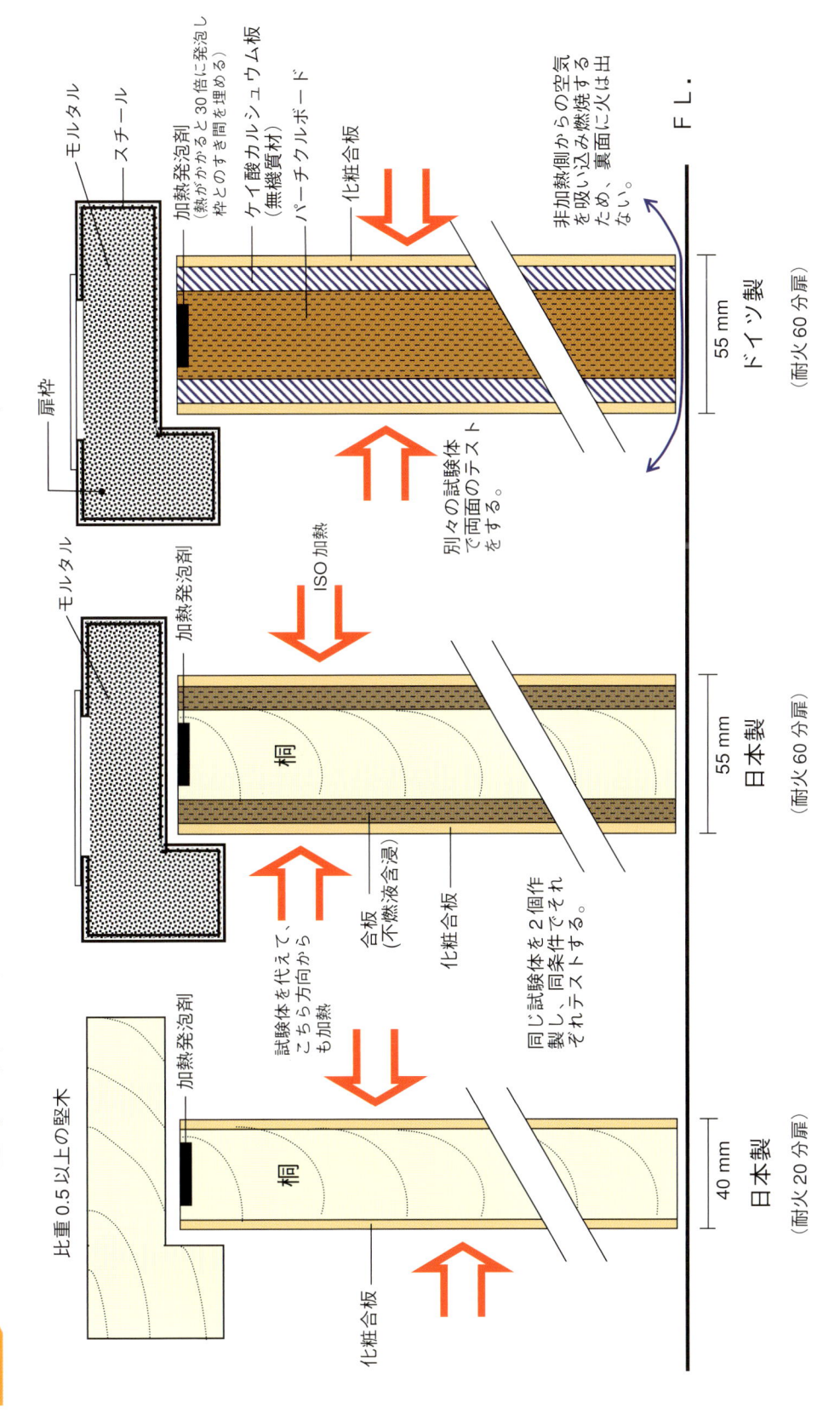

ドイツ製（耐火 60 分扉） 55 mm
- モルタル
- スチール
- 扉枠
- 加熱発泡剤（熱がかかると 30 倍に発泡し枠とのすき間を埋める）
- ケイ酸カルシュウム板（無機質材）
- パーチクルボード
- 化粧板
- 非加熱側からの空気を吸い込み燃焼するため、裏面に火は出ない。

日本製（耐火 60 分扉） 55 mm
- モルタル
- 加熱発泡剤
- 桐
- 合板（不燃液含浸）
- 化粧合板
- ISO 加熱
- 別々の試験体で両面のテストをする。
- 試験体を代えて、こちらの方向からも加熱
- 同じ試験体を 2 個作製し、同条件でそれぞれテストする。

日本製（耐火 20 分扉） 40 mm
- 比重 0.5 以上の堅木
- 加熱発泡剤
- 桐
- 化粧合板

F.L.

資料提供　クロイワ建材研究所

※ 桐材による防火扉は、ドイツ製と異なり無機質な材との併用はしていない。全て木で構成されている。

＜桐が炎、及び、熱に強いメカニズム＞
防火扉断面

加熱開始から 30 分、炭の厚さが 20～25mm に達するとその先までの延焼がほぼ止まり、60 分間の加炎に耐える

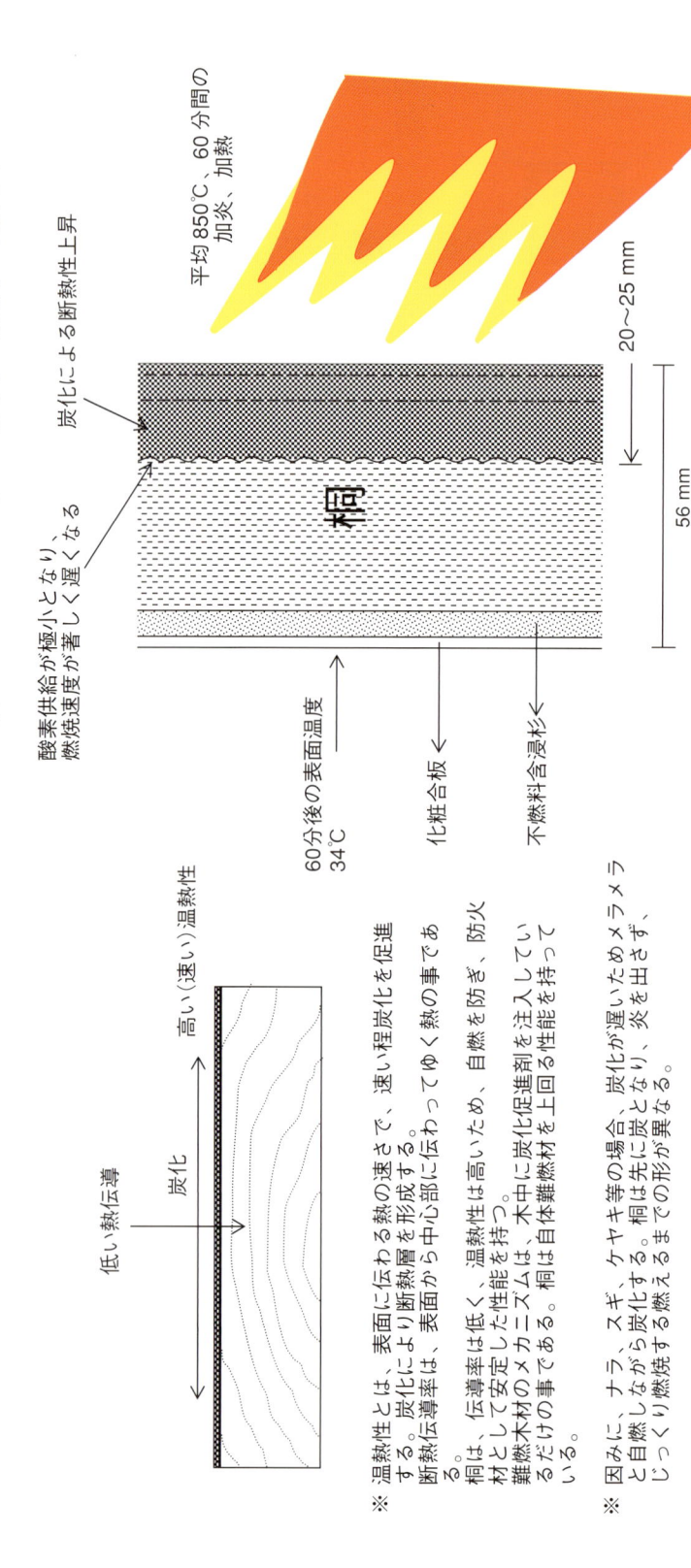

平均 850℃、60 分間の加炎、加熱

炭化による断熱性上昇

20～25 mm

酸素供給が極小となり、
燃焼速度が著しく遅くなる

桐

56 mm

60分後の表面温度
34℃

化粧合板

不燃料含浸杉

資料提供　クロイワ建材研究所

低い熱伝導

炭化

高い（速い）温熱性

※ 温熱性とは、表面に伝わる熱の速さで、速い程炭化を促進する。炭化により断熱層を形成する。伝熱伝導率は、炭化から中心部に伝わってゆく熱の事である。
桐は、伝導率は低く、温熱性は高いため、自然を防ぎ、防火材として安定した性能を持つ。
難燃木材のメカニズムは、木中に炭化促進剤を注入していることだけのことであって、桐は自体燃材性能を上回る性能を持っている。

※ 因みに、ナラ、スギ、ケヤキ等の場合、炭化が先に炭となり、炎を出さず、と自燃しながら炭化する。桐は先に炭となり、炎を出さず、じっくり燃焼するまでの燃え方が異なる。

(耐炎、耐熱に優れた性能を発揮する桐のメカニズム)

図 4-3

する配慮はなされていなかった。桐を芯材とした防火扉の場合の耐火メカニズムは、図 4-3 で示す。桐は、炭化するスピードが速く、瞬時で表面を炭で覆う性質（温熱性）が速い。因みに、難燃木として市販されている木材があるが、炭化促進剤を一般木材に含浸しているに過ぎない。

桐の着火温度が 269 ℃、燃え上がる温度が 425 ℃ と大きな差があるのは（出典：林業試験場研究報告（農水省）No. 319）桐の表面が炭で覆われる時間が速いためである。更に、炭化が 20 mm 程に進むと、その先へ酸素が供給されにくい状況になり、燃焼速度が著しく低下する。

図 4-4 ～ 6 は、東京理科大学が 2004 年、イノベーション 2004 で発表した鉄扉の防火扉と桐を芯材とした防火扉との耐火比較として発表したビデオである。スチール扉は、同条件で加熱し、わずか 9 分後に裏面に貼った化粧材がフラッシュオーバー（爆発的燃焼）している。センターの白い設置物から炎が放出されている様に見えるが、この設置物は加熱側の裏面温度、輻射熱を測定する機器である。

鉄扉がわずか 9 分でフラッシュオーバーした理由は、非加熱側の温度が 600 ℃ 近くに達し、裏面の化粧材が燃え上がったものである。その後、行政の指導もあり、鉄の防火扉は改善されたと伝えられている。

桐は、燃焼する時に出る煙が著しく少ない、先述したが、炭化が速く、表面を炭で覆う時間が速く、メラメラと燃えないためである。なお、温度を伝えにくい特性から、ドイツ製扉との裏面温度差が 50 ℃ も下回っている。更に、ドイツ製の場合、パーチクルボードをケイサンカルシュウム板（無機質な不燃板）でサンドイッチされた状態での数値でもあり、単純な桐との比較は出来ないが、桐が火と熱に強い事が世界の建設界に広く発信された公的実験であった。国土交通大臣から認定書が交付された事は言うまでもないが、防火扉として認定を取得している数多くの防火扉（鉄、アルミ、木製、硝子入他）の中で、平均 850 ℃ で 60 分間の加熱に対し非加熱側の温度（輻射熱）が平常温 34 度だった扉は、先進国家における防火扉の性能として報告された例はないと、（故）岸谷孝一（東京大学名誉教授）は、桐を用いた発想を「世界に対する建築文化向上のメッセージだ」と評価してくれた。

「非常時、避難路を失った場合、この扉を閉め救出を待って下さい」とユーザーに伝える事の出来る扉の登場だった。

この実験により、桐は耐火性、及び、断熱性の強い木材として建設界に広く認知される結果となり、火災に強い家造りには欠かす事の出来ない材としてデビューした。天井、階段、垂木、野地板、柱、内装材、床等に用いる事により火災に対する安全性をより強化する事が出来る建材の発掘だった。

日本の先人達は、囲炉裏のまわりの床に桐を用いていた事実が全国の古民家でしばしば見る事が出来る。はねた火の粉による着火を防ぎ、座ったときの体に伝わる暖かさの両面を生活の中に取り入れていたものと見られる。また、昭和中期まで一般の民

図4-4 ＜両開き扉60分加熱テスト①＞

上：加熱終了直前、扉と枠の隙間から多少の発煙が見られるが、埋設された。発泡剤により加熱直後から50分間は完全に止まっていた。下部の隙間からわずかに赤い火が見えるが、燃焼側に空気を吸い込むため、非加熱側への発煙・炎はない。

下：60分加熱後(テスト終了後)の加熱側、全面炭化し、テストの厳しさがうかがえる。この炭が熱を遮断し、籠城している部屋を煙と熱と炎から守る。鉄扉の防火扉は炭化しないため、別な方法を用いていると思われるが、桐の炭化による安全性を改めて証明した実験(公的テスト)であった。

一連の試験体に用いられている桐は、中国各地から青海の工場に進められ集成材に加工されたものであり、特定な品種に限定したものではない。

第4章 住宅向け早生樹「桐」の優れた諸性能

図4-5

木製防火扉の実力(対鉄扉比)
イノベーション・ジャパン2004東京理科大学ブースからの報告

我々は、ごく一般に市場に出ている鉄扉防火戸(耐火60分)と、桐を芯材とする純木製防火扉加熱(FPDⅡ)の耐火比較を実施した。試験体の前に置かれている設置物は、輻射熱測定機である。この写真は、60分のビデオより編集したものである。

木製扉(FPDⅡ)　　　鉄扉

加熱6分後
鉄扉の裏面が熱くなり、扉の表面に貼った化粧材がくすぶり始める。(加熱は写真裏側より行っている)

加熱9分後
鉄扉の裏面温度が500℃を超え、爆発的に発火した。表面に見える物体から発炎されている様に見えるが、これは温度測定器である。扉表面の化粧材が燃焼したのである。

過熱発泡材により　　裏面化粧材に着火フ
煙はほぼ止まる　　　ラッシュオーバーする

加熱60分後
危険のため一旦消化(鉄扉)再び加熱した。燃えるものがないため、炎は見えないが、扉が大きく曲り加熱側の炎が見える。桐扉は、加熱時から60分、全く表情を変える事はなかった。

輻射熱34℃　　　　輻射熱500℃を越える

フラッシュオーバー(爆発的燃焼)している鉄の前に置かれている白い物体は、輻射熱測定器であり、ここから炎を放射しているわけではない。
　実験　菅原進一　(東京大学名誉教授、東京理科大学教授)
　開発　黒岩陽一郎(クロイワ建材研究所)

＊このビデオは、2004年イノベーション・ジャパンにおいて、東京理科大ブースにて広く公開されたビデオであり、オフィシャルになっている。その後、鉄扉は改良されているはずである。

図4-6 ＜両開き扉60分加熱テスト②＞

上：両開扉60分耐火試験終了直前の炉内、約1,000℃に達しながら桐が炭化しているため炎は加炎である。（60分耐火）
　棒状の突起物は、温度センサー。多数のセンサーにより炉内温度がコンピューターによりコントロールされている。
下：同タイムの扉裏面、手で触れても多少温かい程度である。

日本建材試験センター実験写真

家でも用いられていた長火鉢やおひつも、耐火性、断熱性の高さによる保温力の高い性格を用いた生活の中の知恵と思われる。

　桐を防火扉に用いるヒントになったのは、私が20代後半の頃、田舎の家の隣に建つ伯父の家が火災で丸焼けになったことだった。類焼は奇跡的に免れたが、全て焼失した焼け跡に黒く炭になった箪笥だけが形をとどめていた。大切な書類、現金、衣類は全て無傷だった。当時はただ「良かった、良かった、神様がまだ見捨てていなかった」で終わったが、時を経た今、科学的な実験をしてみると、先人達の知恵が桐の箪笥を造り、安全な収納器として後の世に伝えていた事が理解出来る。なお、重要文化財などが、桐のケースに入れられ、何百年も保存されている事も事実だが、桐の持つ調湿性、抗菌性、耐腐朽性能の他に耐火性においても優れていたためと思われる。

1.1. 木製防火扉採用代表例

　図4-7は、建築基準法改訂のさきがけとなった我国初の全室木製防火扉を採用(特別認定38条適応)した成田全日空ホテルの外観、内観である。また、図4-8の新聞記事は、日本にカルチャーショックを与えたオープン当日のメディアである。

　この記事を読んだ人々からの電話で、設計会社、全日空ホテルへの電話は数日間に渡り鳴り止まなかったと報告されているが、その70％は主婦らしき方々で、木への熱き思いが伝わって来た。また、明らかに旅行者とは思われない人々(業者)で部屋を満室にしたとホテルからの報告を受けている。

　1990(平成2)年、建築基準法改訂後、桐を芯材とする防火扉が次々と採用された代表的建物を紹介する(図4-9～14)。(このプロジェクトは、クロイワ建材研究所の開発した扉を東京レポール(株)、(株)ノナカ、高島屋工作所(当時)、セブン工業(株)、大塚家具(株)が納入したものである)

図4-7　施工例1　日本初の木製防火扉採用建築
ANAクラウンプラザホテル（旧 成田全日空ホテル）

1989（平成元）年6月オープン
- 設計管理　（株）日建設計
- 施工　清水建設（株）
（防火扉、ドイツ　ベスタック社製）

　建築基準法改訂を促した全日空ホテルでの全室採用は、建設業界にカルチャーショックを起こしたプロジェクトである。当時特別認定38条と称する法律があり、建築基準法で定められた建材、設計でなくても建設大臣（当時）が安全と認めた場合許可された。
　建設研究所でのISOの基準にもとづいたその代表例でもある、耐火実験により、（故）岸谷孝一（東大名誉教授）、内田祥哉工学博士（東京大学名誉教授）、林昌二（当時日建設計副社長）等の知的グループの尽力により行政を動かし認められた。
　メディアの全国報道（図4-8）により、防火扉がなぜ木で？との関心は、消費者にも業界にもカルチャーショックとして広がった。その年の記者会見で、当時建築学会長でもあった岸谷教授は、今年一番の想い出として「木製防火扉がようやく我国で採用された事です……」と語った。先進国の中では最も遅れた建築文化の前進だった。「障子と杉の天井の文化が、木は燃えるもの」との認識が根深く、木製防火扉の文化を遅らせたと岸谷教授はその理由を語っていた。我国の建築文化にとって大きな一頁となったのである。火災時「避難路を失ったら扉を閉め、救出を待って下さい」と表示出来る扉の登場だった。

第4章　住宅向け早生樹「桐」の優れた諸性能　　53

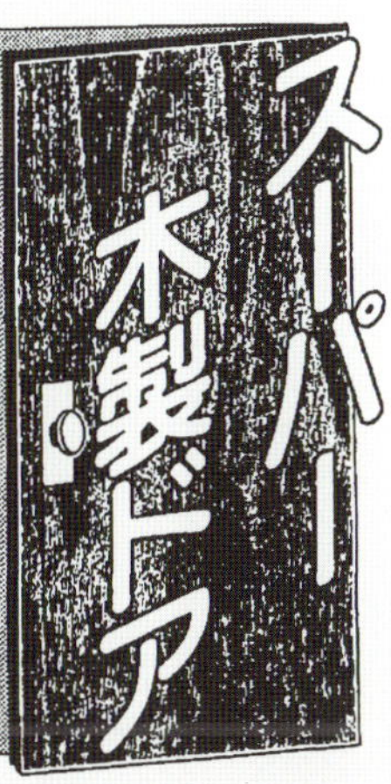

図 4-8　施工例1 についてのの報道記事

この記事がメディアに載り、全国に報道されたことから、消費者の関心を高めた。

「鉄も驚く耐火性」のタイトルも、従来の防火扉市場への気配りでの表現で、本来実験に記者が立ち会っていれば、別の表題になったはずである。これを機に、近代建築と木の関連は大きく深まってゆく事になる。

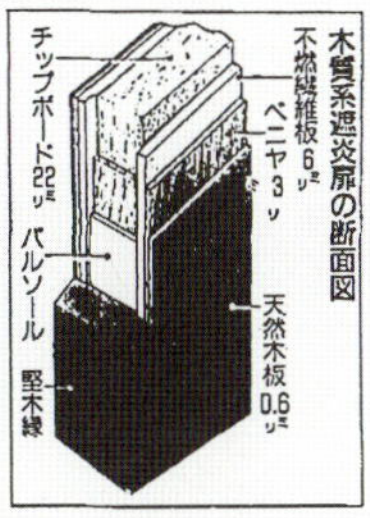

図4-9　施工例2　住宅金融公庫本社ビル（桐芯材採用第1号）

●設計監理　（株）日建設計
●施工　鹿島建設

日本の住空間をより安全に、その先駆けとして、住宅金融公庫、及び、日建設計は木製防火扉の採用を決めた。
各役員室の入口の扉を全て鉄扉での図面を木製に変更した。
消防庁は木の安全を以前より認めていた事から、この時点で公庫を利用しての住宅建築の条件に木製扉を義務化すべきだったと悔やまれる。今になって木使い運動を推進する国交省、農水省、環境省も、これからでも遅くはない。安全性を最優先するためにも、桐扉を最優先するべきである。

第4章 住宅向け早生樹「桐」の優れた諸性能　　　　55

図 4-10　施工例3　住友不動産　後楽園ビル

●設計監理　（株）日建設計
●施工　熊谷、住友J.V.

低層階が住宅エリアとめずらしい発想で設計されている。予算が限定されていたため、扉枠の仕上げはOP（ペンキ）だった。
桐ベタ芯のため、表面材には天然木を用いたフラットだが、シンプルなデザインが逆に奥行きの深さを漂わせている。
シビックセンター後楽園と隣組の如くのロケーションの利便性もあり、オフィスとの複合化は、評判の良い建物である。
現在、高層棟の高い所を居住空間にする傾向が強いが、高齢化時代、災害時における停電給水等を考えると、低層棟に居住空間を施すのも有効で、やさしさのある設計と思われる。
オフィスビルフロアーと居住空間の入口、エレベーターは全く別である。
木の持つ癒しの空間を創る扉枠はスチールだが、中にモルタルが詰めてあり、熱に弱い鉄を補強し、安全を保っている。

図4-11 施工例4 レジェンドヒルズ市ヶ谷若宮町

分譲価格
一戸七億円！

7億円での分譲価格ながら、即日完売された。
建築家高橋浩さんは、極めて高度な意匠を扉にも求めて来た。
素材が木でなければ絶対に不可能な曲線が用いられていた。
私は、飛騨高山の匠に委ね、難易度の高い扉造りが実現した。
建築家高橋氏も、億ションの顔が出来たと喜んでくれた。
年を経るごとに安定性を堅固にする桐、カビ、水を寄せ付けない特性により清潔な空間を創り、魅力的光沢を増す。
表面は桐ではないが、桐ベタ芯は、廊下と部屋内を明確に区切らせる断熱、調湿、遮音性の高さから、自然にかもし出されるものである事がクオリティーを高めている。
設計士を悩ませていた「差別化」、高級マンションがゆえに鉄扉では形にならなかった…と建築家としての心境を語っていた。
「非常時、避難路を失ったら、扉を閉め、救出を待ってください。この扉はシェルタとして60分間850℃に耐えられます」と表示する事が出来た。

●設計監理　(株)レーモンド設計事務所
●施工　清水建設(株)

第 4 章 住宅向け早生樹「桐」の優れた諸性能

図 4-12　施工例 5　城山観光ホテル大改修工事 ＜鹿児島＞

桜島から出る大量な亜硫酸ガスと塩風により、サッシ廻りはもとより、内部の鉄は全て錆が進んでいた。長年に渡り地元を代表する高名なリゾートホテル、その大改修に当たって、木製防火扉が採用され、レバーハンドルも木が選択された。

横長のホテルのため、廊下が長く、扉にはホワイト塗装を施し、明るさを演出した。塩害と亜硫酸ガスの侵入に対し、耐候性の強い客室入口の扉に生まれ変った。南北に細長い日本列島は、塩害から逃れる事は出来ない。木製防火扉の認定に伴い、外壁、サッシも含めた木の用途を広い視点から見直す必要がある事を、当ホテルの改修により深く理解させられた建物である。

●設計・施工　　（株）竹中工務店

図 4-13　施工例6　六本木ヒルズレジデンスB

都心の複合再開発「六本木ヒルズ」に建つ高層住宅棟。内廊下の代表的例である。セキュリティー、リフォームに対しても最新の技術が施されている。この扉には、震度6以上にも開閉可能な耐震丁番が使われている。低層棟「六本木ヒルズレジデンスA」には、桐の防火扉は使われていないが、高層棟には迷いなく桐による木製防火扉が採用された。モデルルームにオプションで桐の床を提案したところ、裸足で試され、温かさを実感したエンドユーザーの評判は高く、かなりの入居者が桐の床を水廻り等の場所で採用したと言われている。扉自体が演出する木による高級感、遮閉感が、居住者に満足を与えている。

新聞受けも扉を開けなければ取れない安全仕様になっている。

- ●設計　森ビル一級建築士事務所
  〃　　日建ハウジングシステム
- ●施工　清水建設(株)
  J.V.　(株)フジタ

第4章　住宅向け早生樹「桐」の優れた諸性能

図 4-14　施工例7　**凸版印刷 小石川ビル**

同ビルは、最高裁、警視庁の設計で著名な建築家、岡田新一氏設計事務所の作品である。役員フロアー全室、印刷博物館に木製防火扉を採用した。写真は、全景と役員フロアー内観、及び、印刷博物館内「印刷の家」入口の扉である。国交省認定品であるため、扉の最も薄い部分で認定厚を確保するため、溝の深さの分扉を厚くしなくてはならない。そのため木口にはティーパーを施し、重厚な扉となった。アーチ型扉が、このビル内に設けられた印刷博物館「印刷の家」の入口の扉である。防火扉に求められる常閉装置クローザーは、日本には存在しないため、アメリカ製を用いざるを得なかった。彫刻の様な意匠のアーチ型扉は、価格が1枚200万円と高価だったが、永い印刷の歴史を納める印刷博物館「印刷の家」入口の扉としては、相応しい風格を漂わせている。建築家岡田新一氏も木製防火扉の採用は初めてだったが、桐の耐火性、断熱性を熱心にメモし、率直な質問をし、納得した上での採用となった。

長い印刷の歴史と木が、いかにも温かく調和している。

●設計監理　岡田新一設計事務所
●施工　安藤、鹿島、東急共同企業体

2. 建材としての「桐の適性」をデータから学ぼう

次頁以降に桐のデータを掲載する。比較に用いた各樹種は日本国内の主要生産樹である。

- 実験
    新潟県工業技術総合研究所下越技術支援センター
- 試験体産地
    キリ　　　福島県喜多方市
    スギ　　　秋田県仙北郡協和村
    ミズナラ　北海道上川郡新得町
    ケヤキ　　群馬県多野郡上野村
- データ1〜10の出典
    林業試験場研究報告 No.319（農林水産省）

※　各項目の試験方法は JIS 規格により行われた。
※　データの各表中で数値が2つあるのは、芯部、辺部における差異である。
　　（上段が芯部）
※　データ下部のブルーの記述は、筆者の主観である。

第 4 章　住宅向け早生樹「桐」の優れた諸性能

> **図 4-15**

スギとキリの基本的相異
＜キリ以外の木材では芯部、辺部の数値が異なる＞

スギ
樹齢 60 年

辺部　芯部　辺部

気乾密度(比重)、収縮率、腐朽による重量減少率、吸湿、吸水において、キリ以外の木は、同じ材でありながら芯部、辺部の数値が異なる。狂い、割れの主原因とも言える(樹齢 60 年の風雪に耐えた木だが)。

キリ
樹齢 10 年

同一　同一

キリの断面である。芯部、辺部は分かれていない。このため、各データーで数値も同一である。割れにくさ、寸法の安定性、腐朽への強さの基本である。植林後 10 年でこの太さになる早生樹である。

写真提供：新潟県津南町森林組合

キリ材の密度

データ1

1. 気乾（含水率15％時）密度

	キリ	スギ	ミズナラ	ケヤキ
気乾密度（g/cm³）	0.30	0.36	0.69	0.62
	―	0.35	0.62	0.61

密度　　　　：その物質の単位体積あたりの重さを示す(質量)。
気乾含水率　：木材が通常大気中で、その含有水分が平衡に達した状態のときの含水率。
　　　　　　　我国では、ほぼ13～18％程度。木材の各性質を比較するときの目安となるもので、便宜的に15％に定めている(標準含水率)。
気乾密度　　：気乾含水率になったときの木材の密度。各種材料試験のときの標準密度となる。
　　　　　　　正式には、標準含水率または法制含水率(日本では15％)における密度の事。

※ 桐が軽いと言われる根拠となる数値である。他の木材と異なる点は、比重(密度)において、桐は芯部、辺部において一定である。この均一性は、桐が狂いにくく、割れにくい原因の一つとなっている。桐が軽いと言われるゆえんである。

データ2　収　縮　率

1．全収縮率

	キリ	スギ	ミズナラ	ケヤキ
接線方向（％） （年輪に沿った方向）	5.16 —	7.19 7.25	10.20 8.99	6.29 8.74
半径方向（％） （中心からの外部方向）	1.43 —	2.44 2.90	4.59 3.89	3.70 4.17
繊維方向（％） （木材の縦方向）	0.17 —	0.19 0.25	0.33 0.44	0.65 0.96

2．気乾までの収縮率

	キリ	スギ	ミズナラ	ケヤキ
接線方向（％）	2.22 —	3.46 3.15	5.59 4.88	2.54 4.76
半径方向（％）	0.49 —	1.07 1.31	2.00 1.63	1.38 1.73
繊維方向（％）	0.02 —	0.03 0.02	0.14 0.18	0.34 0.55

収縮率　　　：　木材が水分の蒸散とともに縮む割合。
全収縮率　　：　収縮前の長さ（体積）に対する、全乾までの収縮量の割合。
気乾まで…　：　収縮前の長さ（体積）に対する、気乾状態（含水率15％）までの収縮量の割合。

※　この数値は木材の割れに大きく関係する。強制乾燥を掛けた場合、キリ以外に表示されている芯部、辺部との差が更に大きくなり、割れ易くなる。木材の収縮する力は大きく木の強度を上回るケースもある。集成材として用いる場合、芯部、辺部がランダムになり、内部割れも含め、複雑な割れを発生させる原因にもなっている。

データ3　24時間吸湿量

	キリ	スギ	ミズナラ	ケヤキ
木口面（mg/cm²）	188	280	249	258
	—	303	277	295
板目面（mg/cm²）	63	76	78	92
	—	100	100	109
柾目面（mg/cm²）	60	68	69	77
	—	105	79	92

吸湿 ： 木材がまわりの空気中から水分を吸収しようとする性質。

※ 桐は、吸湿が少なく、芯部、辺部とも一定し安定している。箪笥が湿度の多い新潟、富山等で造られても、冬場湿度が著しく少なくなる東京において全く狂わないのは吸湿量が少ないためである。強制乾燥した木材が割れるのも、空気中からの湿度を吸収し、芯部、辺部の相異から、狂い、割れの原因をつくる。更に、結露と腐朽に繋がるデータでもある。

データ4　24時間吸水量

	キリ	スギ	ミズナラ	ケヤキ
木口面（mg/cm²）	174	341	324	304
	—	1,190	826	635
板目面（mg/cm²）	40	47	45	58
	—	75	168	94
柾目面（mg/cm²）	34	36	41	42
	—	82	88	97

※ 桐は、芯部、辺部とも水を吸う量が少なく、かつ同一である。又、湿度、水を吸っても、寸法の安定性は保たれている特殊性があり、天然の正倉院とも言われている。住宅用柱が床下と床上の温度差から結露を発生させ、割れ、腐朽の原因となっているが、桐にはその様な不安はない。長期優良住宅の構造体の中の土台に用いるには見逃す事の出来ない数値である。

熱伝導率

データ5

	キリ	スギ	ミズナラ	ケヤキ
熱伝導率 （W/m·k）	0.073	0.087	0.142	0.143

熱伝導　：　物体が熱を伝えること。物質の移動無しに熱が物体の高温部から低音部に移る現象。
熱伝導率　：　熱伝導度。物体内部の等温面の単位面積を通って単位時間に垂直に流れる熱量と、この方向における温度勾配との比をいう。

木材は、
　　　木材　＝　実質　＋　水　＋　空気
なので、熱伝導率は密度と含水率に依存する。密度が小さいほど熱伝導率は小さく、また含水率が1％増加すると熱伝導率は約1.3％増加する。さらに温度にも依存し、常温の範囲では、温度が高いほど熱伝導率は大きく、温度1℃あたり約0.5％大きくなる。

※　防火扉の項でも説明した、桐は木材の中で熱伝導率は最も少ない。耐火金庫の内貼りに用いているのも、庫内温度を上げないためであり、身近で確認出来る。世界の住宅が断熱性の高い住宅を求められている「低炭素化社会」において、熱伝導率の低い桐は木材の中のエースと言える。用いる材の厚さによる熱貫流抵抗値で表示すると、更にその性能の大きさが理解出来る。冷房期間の長い地域程、エネルギーの消費量は多い。室温を1℃下げるために用いられるエネルギーは、1℃高めるエネルギーの7倍を必要とする。せんねつ、けんねつを取らなければならないためである。冷房器の外部設置器で、ボタボタと水がたれている場面を目にするが、せんねつ、けんねつを除去するための除湿によるものである。夏場の電力不足を心配するのもそのためである。桐が断熱性に優れている木材である事は、電気ジャーが登場するまで各家庭で活躍していたおひつに先人達の知恵を見る事が出来る。桐を住宅の内、外装材に用いる事は、省エネ住宅を造る上で適材であり、地球上の全気象(寒さ、暑さ、多湿、少湿)に対応出来る高性能を持っている。省エネに関しては、冷房期間が長い地域程ECOに貢献する。

強　度

データ6

	キリ	スギ	ミズナラ	ケヤキ
静的曲げ 　ヤング係数(tf/cm^2) 　強さ　(kgf/cm^2)	47 439	81.6 646	103 889	90.6 1,020
圧縮強さ 　縦方向　(kgf/cm^2)	229	341	426	452
せん断強さ 　板目面　(kgf/cm^2)	59.9	67.5	117.0	126.0
衝撃曲げエネルギー 　　　　(kgf/cm^2)	0.290	0.294	0.968	1.090

静的試験　：一定速度(荷重速度、または変形速度)で徐々に加力する試験をさし、この強さを静的強さ(強度)と呼んでおり、材質判定、評価の基本的な尺度となっている。

曲げ強さ　：材料を折り曲げようとする力に対する抵抗力。ある程度までたわみ、それを過ぎると破壊する。

ヤング係数：固体の引張り応力とその方向における歪み(単位長さ当りの伸び)との比。物質によりかなり一定した値。ヤング率。弾性定数の一つで縦弾性係数ともいう。

圧縮強さ　：材料が外力に押しつぶされようとする時に、材が変形・破壊する事なしにかけられうる最大の力。抗圧力。木材の繊維方向に対し、平行に荷重した場合を「縦圧縮」、垂直に荷重した場合を「横圧縮」という。

せん断強さ：相反する平行力によって生ずる物体の変形を「せん断」。最大せん断荷重を断面積で除したものを「せん断強さ」。JIS規格の板目面のせん断試験は、板目面に沿ってせん断荷重をかける。

衝撃強さ　：外力が衝撃的、すなわち極めて短時間に作用した時の破壊能力を衝撃強さと呼ぶ。一般の衝撃強さの評価については破壊に消費したエネルギー、すなわち衝撃エネルギー(衝撃仕事量)を用いる。

※　強度だけの数値を見れば、桐は他の木材に対し確かに小さい。但し、前述したデータと総合的に判断する必要がある。強度が強くても割れ易く、腐り易い木材の場合、強度は著しく低下するからである。桐は早生樹である事から生長は速い。強度だけを考えるのであれば、太く用いればよいが、一般住宅の場合桐に示されている以上の強度は必要ない。又、鉄を錆びさせない事から、耐震性を高める鉄との併用も可能である。錆びにくい鋳物を用いているホームメーカーもあるが、法隆寺を大改修した西岡常吉氏は、幾重にも鋳物を重ねた鉄を用いても、木を腐らせる事を止める事は出来なかったと語っている。木が鉄を錆びさせ、鉄の錆が木を腐朽させる要因になるからである。

第4章 住宅向け早生樹「桐」の優れた諸性能

データ7 腐朽による重量減少率（％）

	キリ	スギ	ミズナラ	ケヤキ
オオウズラタケ（％）	0 / —	4.8 / 11.9	20.3 / 25.6	0 / 27.4
カワラタケ（％）	3.9 / —	5.5 / 10.8	24.8 / 34.5	12.3 / 24.0
ウスバタケ（％）	0 / —	0.5 / 9.3	2.7 / 20.5	2.1 / 16.9

木材の腐朽菌には、木材の主成分のうち、セルロース、ヘミセルロース（多糖類）しか分解しない菌と、リグニンをも含めて分解する菌がある。前者を褐色腐朽菌、後者を白色腐朽菌という。
オオウズラタケは褐色腐朽菌、カワラタケは白色腐朽菌。

※ 桐は腐らないと先人より伝えられているが、数値の示すとおり、土台などが腐るのは、上記3つの菌が代表的である。ウスバタケが褐色腐朽菌か白色腐朽菌かは研究センターでも明らかではないようだが、腐朽しない点では明白である。現在、築後400年を越す古民家は、全国で1万棟以上存在すると言われている。地産地消で地場の木を適切に用いたがゆえの長寿だが、共通点としては土台の腐朽だけは避けられず、土台の交換はしている。『桐と人生』の著者八重樫暉良氏は、「土台交換に際し、桐を用いていた古建築の土台は交換する必要はなかった」と記述している。八重樫氏が高齢のため、その建築には辿り着けなかったが、上記データで見る限り、桐は腐朽しないか、しにくい。吸湿、吸水も他の木材と比較し著しく少ない事から、桐こそ家の土台に適した材である事が証明されている。

データ8　耐虫性

	キリ	スギ	ミズナラ	ケヤキ
ヒラタキクイムシ（被害の有無）	有り	無し	有り	有り
シロアリ（抵抗性の大小）	—	中	小	中
フナクイムシ（抵抗性の大小）	小	中	小	小

耐虫性　　　　　：木材の虫に対する抵抗性を耐虫性という。耐虫性は被害を受けるか、受けないかであって、程度の差による区分は明瞭ではない。
ヒラタキクイムシ：気乾状態になっている木材（製材品、加工用材、建築部材、家具部材、合板など）を加害する、乾材害虫。澱粉を3％以上含んだ広葉樹の辺材のみを食害する。（通常、心材は澱粉を殆ど含んでいないので食害は受けない。）
シロアリ　　　　：水分の多い木材、特に腐朽している木材に誘引される。シロアリに対する耐虫性を耐蟻性という。この評価は心材について行い、辺材はどの樹種でも耐蟻性が小さい。心材中に特殊成分（忌避成分）を含むもの、また比重が大きい硬い樹種は食害されにくい。
フナクイムシ　　：海虫。塩分が1％以下になると生息できない。一般的に、密度の小さい木材は被害速度が速く、硬い木材は食われにくい。

※ 元来桐は、澱粉質が少ない事から、虫が棲まないとまで伝えられて来た。但し、木材のグローバル化により、最近オオナガシンクイムシなる虫がキリにも侵入するケースがあるが、加熱処理により解決出来る。（芯部60℃3時間）シロアリに対し強い性質は、吸湿、吸水量の少なさと連動する。近年北上を続けるシロアリに対し心強いデータである。シックハウス症候群に対しても安全性が高い。

データ9

硬　さ

	キリ	スギ	ミズナラ	ケヤキ
木口面（kgf/mm^2）	2.42	2.83	4.980	5.280
板目面（kgf/mm^2）	0.574	0.855	1.670	2.280

硬　さ：木材の硬さの測定に用いられるのは、主として鋼球を圧入する方法。JIS規格では、一定の直径の鋼球を一定の深さまで圧入するに要する力を測定し、そのときに生じる窪みの表面積で割った値で硬さを表す。

※ 柔らかいため、床材に用いる事が高齢化社会に求められる。なお、現在の住宅は、大壁工法が多く、柱は壁の中に隠されているため、傷を付ける事はない。桐が住宅に用いられなかった理由として、「柔らかく、傷付き易い、釘も効かないから」との偏った見方が強かったためと思われる。但し、柔らかさ、温かさを利用しなければならない建材は、これからの高齢化社会における住宅に欠かす事は出来ないプラスな特性である。床の上で倒れても大きなケガに繋がりにくいためである。柱に小傷の付く事が不快であれば、植物性オイルを塗布すれば多少解消する。美しく見せる床か、多少小傷が付いても快適で安全な生活を選択するかの問題である。又、床に用いた場合、テーブルの足等によるへこみは、スチームアイロンで復元する事が出来る。又、強度と同じで柔らかさも割れにくく、カビの発生のリスクがなく、腐朽しない特性等多角的に見る事により、人間に対しての温かさ、清潔さ、優しさをも考慮する必要がある。桐の柔らかさを利した床については、体験談として後述する。

磨耗量(板目面)

データ10

	キリ	スギ	ミズナラ	ケヤキ
繊維に平行方向 (mm)	0.91	0.97	0.54	0.48
繊維に直角方向 (mm)	1.20	1.00	0.56	0.69

磨　耗 ： 2つの物体が摺り合って運動する時、これを妨げようとする力「摩擦力」が作用する。この時、表面が磨耗する。JIS規格では、一定の条件で木材表面を磨耗させ、厚さ磨耗量で比較する方法をとっている。

※ 磨耗量においては桐は他の木材と比較し多い。但し、桐は、コーヒーや墨汁をこぼしてもすぐ拭き取れば跡形もない。又、人間の一般的生活の中における使用で磨耗する事は少ない。前述したが、磨耗に対し過敏に否定するユーザーに対しては、植物性オイルを塗布する事で解決出来る。ミクロの世界で見た桐は、ミクロの浮き袋とも言える孤立した細胞で埋め尽くされており、磨耗とは言え、部分的に深く及ぶ事はない。ヒビが入る、割れる事がないためである。幼い子供、又、病人、高齢者にとって柔らかさと磨耗が強固であってはならず、ソフトであるがゆえに優しさを持っていると言える。コルクの床の人気が高まっている時代である。この面からも桐は人間が常に触れる居住空間の中で、人間に対する天然の敷物、天然の保護材の役割も果たす材である。触れて温かく、湿度を吸収する事から、ベタつかず、床、手摺、腰板に最適な材と言える。桐下駄が永く町の旦那衆の特権の履物として選ばれた理由でもある。磨耗量が少ない木は、一名アイアンウッドとも呼ばれる程、人間の生活の中では冷たい木でもある。

第4章　住宅向け早生樹「桐」の優れた諸性能

データ11

ビス保持能力テスト①
こんなに強かった桐のビス保持力

JQA

総数　4 枚　2 頁

No. 106-0549

試験方法　：
1. 引抜試験

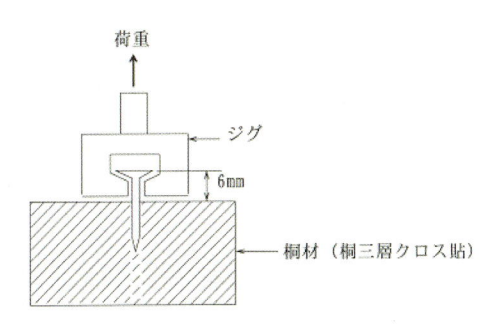

荷重　ジグ　6mm　桐材（桐三層クロス貼）

2. せん断試験

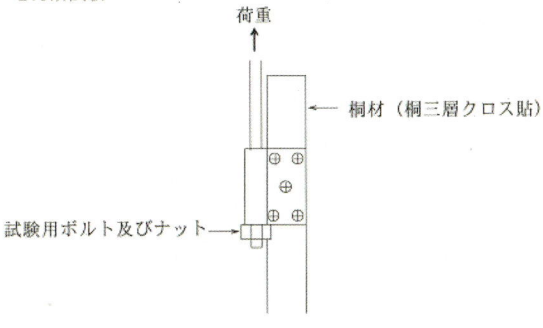

荷重　桐材（桐三層クロス貼）　試験用ボルト及びナット

試験結果　：

1. 引抜試験

ビスのサイズ	最大荷重（N）	結果
4×25	734	ビスの抜け
4×40	1153	ビスの抜け

2. せん断試験

最大荷重（N）	結果
5723	ビスの抜け

財団法人 日本品質保証機構

「1. 引抜試験」は機械による引き抜きでビスが抜ける寸前の最大荷重、「2. せん断試験」もやはり引き上げる強い力に対し丁番が崩れる寸前の最大荷重を示している。N を 10 で割ると kg となる。

72　第4章　住宅向け早生樹「桐」の優れた諸性能

データ11

ビス保持能力テスト②
「1. 引抜試験」の様子

JQA

総数　4　枚　3　頁

引抜試験

No. 106-0549

試験前
桐の面方向、横目方向に打ったビスの抜ける強度

試験中
桐材を固定し、特定の機械で引き抜きに入る。

試験後
ビスが抜けた時点での引き抜こうとした力を引き抜き強度と言う。

財団法人 日本品質保証機構

データ 11

ビス保持能力テスト③
「2. せん断試験」の様子

JQA

総数 4 枚 4 頁

せん断試験

No. 106-0549

試験前

桐三層集成材に丁番を5本のビスで取り付ける。

試験中

試験体を固定し、機械で上に引き上げる。

試験後

丁番が桐よりビスごとはずれる。この限界位が、せん断強度として表示される。

財団法人 日本品質保証機構

データ12 MSDS シックハウス症候群を防ぐための化学物性測定値
(試験機関　NPO法人環境問題総合研究所)

表①　政府規定数値

揮発性有機化合物(VOC)	濃度指針値	気中濃度
ホルムアルデヒド	100μg/m³	0.08ppm
アセトアルデヒド	48μg/m³	0.03ppm
トルエン	260μg/m³	0.07ppm
キシレン	870μg/m³	0.20ppm
エチルベンゼン	3800μg/m³	0.88ppm
スチレン	220μg/m³	0.05ppm
パラジクロロベンゼン	240μg/m³	0.04ppm
テトラデカン	330μg/m³	0.041ppm
クロルピリホス (殺虫剤)	1μg/m³	0.07ppb
フェノブカルブ (殺虫剤)	33μg/m³	3.8ppb
ダイアジノン (殺虫剤)	0.29μg/m³	0.02ppm
フタル酸ジ-n-ブチル	220μg/m³	0.02ppm
フタル酸ジ-2-エチルヘキシル	120μg/m³	7.6ppb

表②　桐三層集成材数値

揮発性有機化合物(VOC)	濃度指針値	気中濃度
ホルムアルデヒド	34μg/m³	0.028ppm
アセトアルデヒド	23μg/m³	0.013ppm
トルエン	25μg/m³	0.0067ppm
m-キシレン	1.8μg/m³	0.00043ppm
エチルベンゼン	3.4μg/m³	0.00079ppm
スチレン	NDμg/m³	NDppm
パラジクロロベンゼン	NDμg/m³	NDppm
n-テトラデカン	NDμg/m³	NDppm
p-キシレン	1.0μg/m³	0.00023ppm
α-ピネン	2.4μg/m³	0.00044ppm
リモネン	NDμg/m³	NDppm
酢酸ブチル	1.7μg/m³	0.00035ppm
酢酸エチル	9.3μg/m³	0.0026ppm

政府が定めた限界数値と桐三層集成材との比較である。
桁違いに少ない事が理解出来る。中には全く検知されない物性もあり、化学物性においても安全性の高い建材である事を証明している。

桐を建材として用いる場合においても、他の木材と同じ様に集成にして用いるケースが多い。表①は、政府が定めた13項目に及ぶ化学物性の規制数値である。表②は、それに対する桐集成材の測定結果である。設定数値を桁違いで下回り、全く検知されない物性も4項目に上る。シックハウス症候群に対しても、人間に極めてやさしい材である事が理解出来る。

桐は元来水を吸わない性質(別添データ参照)があり、防虫、防腐剤を含浸させる事は不可能な材である。強力な力で含浸させようとすると、紙を丸めて伸ばした様な状態になる。従って、接着剤による化学物性がわずかに検知される他は、自然界に存在する物性以上には含まれていない。たとえ生活の中で用いたスプレー式殺虫剤をも寄せ付けない潔癖な材である。

第 4 章　住宅向け早生樹「桐」の優れた諸性能

データ 13

輻射による遠赤外線測定結果

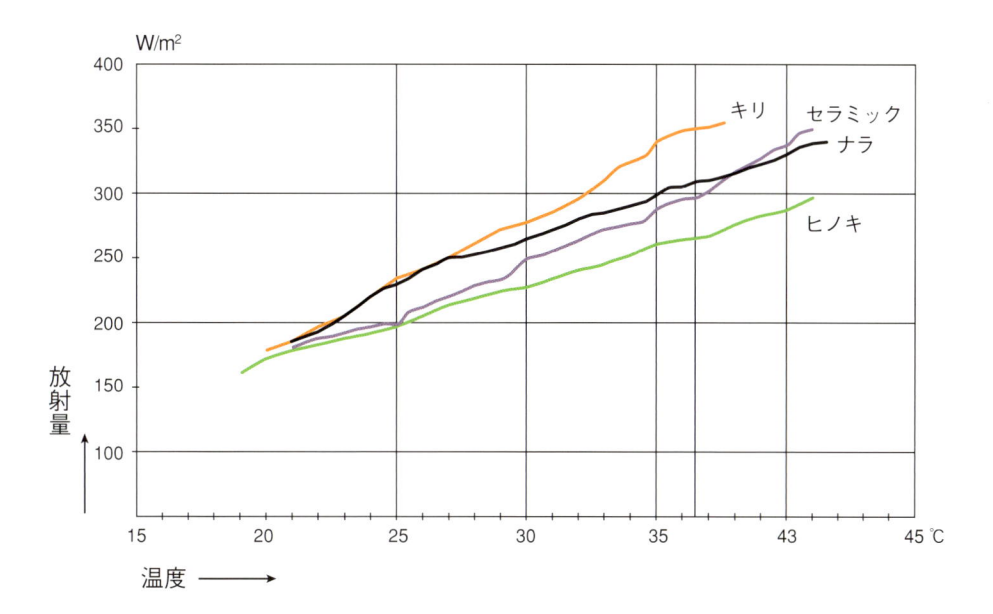

桐、ナラ、ヒノキ、セラミックを 20 ℃ から 40 ℃ 方向に加熱した結果、人間の体温に等しい 36 ℃ 付近で、桐は 1 m² 当たり 350 ワット、セラミックとナラが 300 ワット、ヒノキ 260 ワットと、桐が並はずれた放射量を示している。普通遠赤外線を測定する場合、炭素でつくった黒体炉を基準として多い少ないを決めるが、黒体炉を 100 とした場合、ポリエステルが 55 ％、セラミックポリエステルが 65 ％、桐は 94 ％と炭素でつくった標準値黒体炉に匹敵する放射量だった。更に、それだけでなく、人間の体温と同じ 36 ℃ 付近での黒体炉の遠赤外線の波長が、9.4 ミクロンに対し、桐も全く同じで 9.4 ミクロンであった。遠赤外線がその放射熱によって、身体の芯まで温め、しかも防湿効果（調湿）、防臭効果が血液の循環を良くする機能を備えている事が、桐の特性になっている事がわかる。桐の床に素足で触れた時の優しい温かさ、桐下駄の快適性、水廻りの床にカビを発生させないなどの諸性能を裏付けるデータである。

3. 桐をミクロの世界で覗いてみよう

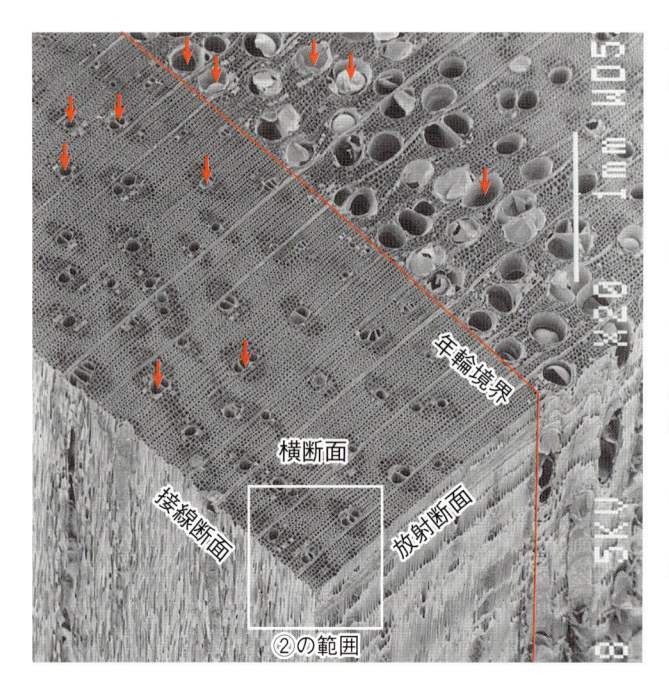

① 横断面、接線断面、放射断面
20倍
この程度の拡大では、他の樹種とあまり相異はない。主成分はセルロース、ヘミセルロース、リグニンであり、杉やナラとほとんど同じである。植物学的にはゴマノハグサ科に分類されているが、木材は道管、木部繊維、柔細胞から構成され、一般的な広葉樹の木材の構造を持ち、木材としての基本的な特性を持っている事が理解出来る。年輪境界部に大きな道管が並ぶ環孔材から半環孔材となり、それらがキリ独特の木目を示す。

矢印(↓):道管

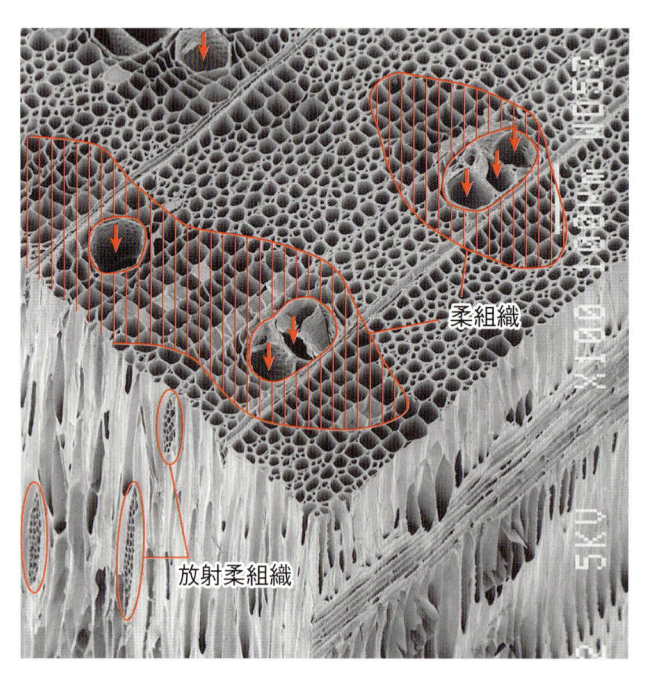

② 横断面、接線断面、放射断面
100倍
多少拡大すると、道管、木繊維、柔細胞がはっきりと確認できる。また、ハチの巣状の構造をした放射柔組織が見えて来る。この辺りから他の木材と違った特徴が見えて来る。道管の周囲に柔細胞が分布し、柔組織を形成するが、その模様はキリ独特である。

矢印(↓):道管

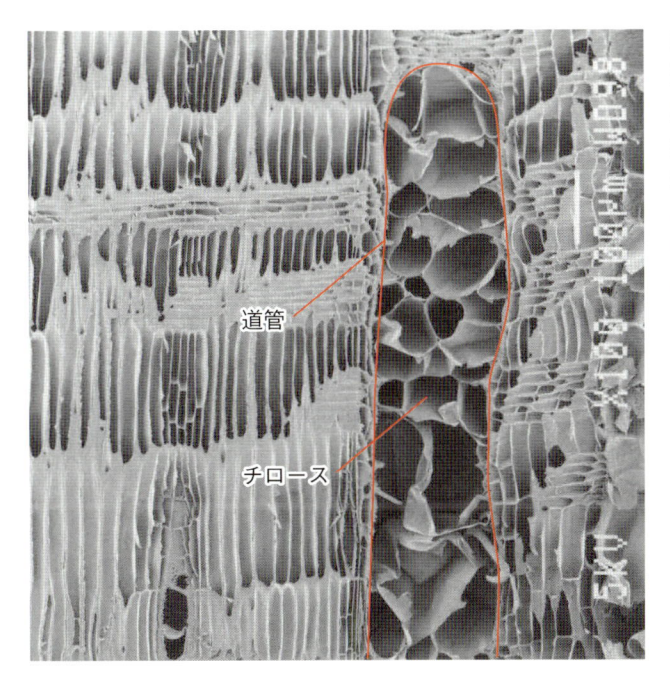

③ 放射断面 100倍
道管は、たくさんのチロースで埋め尽くされている。道管、木部繊維、柔細胞ともに細胞壁が薄く、全体に空隙率が多いのが分かる。こういった細胞壁の薄さ、空隙の多さが、キリ独特の断熱性の良さ、寸法安定性につながっているのかもしれない。

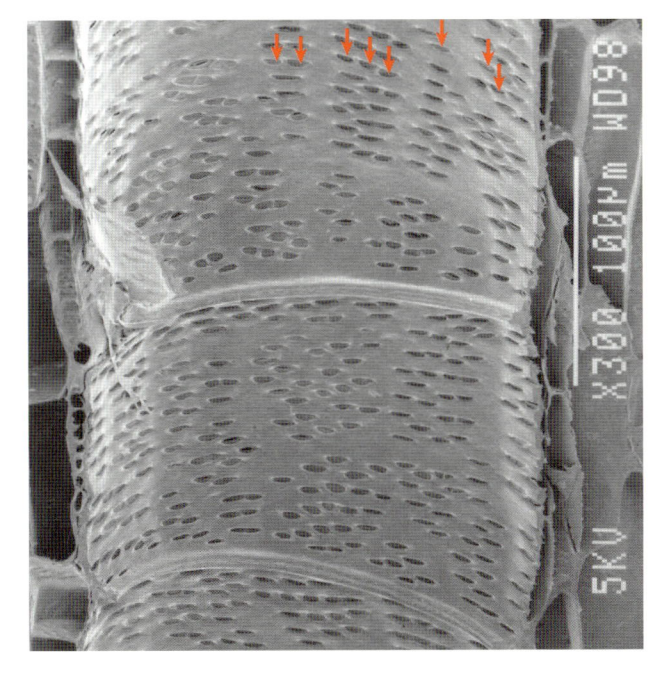

④ 道管内部 300倍
更に拡大すると、道管の内壁に多くの道管相互壁孔が見られるようになる。キリが生きている時にはこの部分が水の通り道であり、木材になると空気の通り道になる。こういった構造を通って水蒸気が移動することで、キリの特徴である、速やかな水分の吸収と放出が行われているのであろう。

矢印(↓)：道管相互壁孔

(①〜④写真提供：森林総合研究所)
写真の選択と解説については、森林総合研究所の安部久先生に得難いご教示をいただきました。

4. 桐に対するビスの効力

　ホームビルダーや大工さんも含め、多くの人が、桐に対し「ぬかに釘」と思っている人が今だに多い。それを否定するための一例を挙げると、浦安のディズニーシーで建設されたアンバサダーホテルに桐を芯材とした防火扉を納入した際、扉クローザー（常閉装置）を扉の表面に付ける事になった。わけあってスピリングヒンジからの変更だったため、桐へのビス効力にスタッフの不安が集った。施工した清水建設技術研究所の結論は、「全く問題なし、集成材LVLよりビス効果は強い」だった。JQA（財団法人日本品質保証機構）における試験においても、**データ11**の如く良好な結果が得られている。

　『桐と人生』の著者八重樫良暉氏は、文中、広葉杉は釘を打ち込むとその時は効くが、長い間に離脱する。桐材には粘りがあり、釘を抑える力を増し、しかも錆びる事がないと記述している。更に、時が経つに連れ、ますます保持能力は堅固になる。箪笥に用いられる釘は竹であり、永年の使用に竹ビスが浮いたと聞いた事はないと記述している。更に、ここに漆を塗り、土の中に深くおさめて周囲を石灰で囲む様にすれば、広葉杉より数倍長持ちする。この記述は、古来桐が棺桶の材として、広葉杉と並び比較された時得た先人たちの知恵と思われる。しかし、これは知識人達が用いるもので、豪族が尊ぶ方法とはなっていないと付け加えている。この意味は良く理解しにくかったが、豪族は古来桐を高貴な木端しょう木として家紋にも用いていたため、棺桶に用いる事を認めなかったと推測出来る。

　桐が腐朽しない原因に、タンニンが多く含有している事は、データが示すとおりである。法隆寺修復で著名な西岡常一氏は、木が鉄を錆びさせ、鉄の錆が木の腐朽を早めると語り、寺院の建設にたとえ鋳物であっても鉄は使えないと記述している。桐は鉄を錆びさせない特性から、耐震工法としても、土台と柱、梁と柱を補強する工法も可能となり、割れにくい性質も伴って、長期に渡り鉄、及び、桐の強度も落とさない事から、家の骨組を地震等に対しても強固に保つ材と言える特性がある。

5. 桐からの豊かな遠赤外線の放出

　『桐の超能力』の著者（故）森崎勉氏は、生まれ育った筑後平野の熱帯夜に悩む人々にいかに快眠を与えるかをコンセプトとし、桐の持つ特性を次々解き明かし桐ぶとんを開発した人物である。冷房器が普及していなかった筑後平野は、真夏の夜は摂氏30度近くに上り、湿度70％に達する日が多かったと述べている。

　森崎氏の研究は、そんな夜でも快眠出来る寝具の開発だった。桐のマットの上に寝、桐のおがくずの中に足を入れると、冬は暖かく、夏はサラサラし、極めて快適に眠れ、足の疲れもとれる事を熟知した上での志だった。試算品を作り差し上げた多くの人々に感謝されていたがなんとしても科学的に解明し、世界の人々に喜んでもらいたいと

の強い情熱を持っていた。

　森崎氏の情熱に動かされ、北九州工業試験場が立ち上がった。遠赤外線の中に、抗菌、防カビ、防臭、防湿、さらに血液の循環や疲労回復などの機能が含まれているならば、必ず桐にもあるはずだ……果たしてどれだけの放射量があるだろうかを工業試験場に委ねたのである。

　人間でも、石でも、木でも、温度のあるものは全て遠赤外線を出している。

　紫外線とか、遠赤外線は、熱の伝わり方が「伝導」とか「対流」ではなく、放射のため、過熱するものの組織を破壊せず、温められる利点がある。塗料の乾燥に用いられて来たのも、石焼きいもがおいしいのもそのためである。

　桐、ナラ、ヒノキ、セラミックを 20 ℃ から 40 ℃ 方向に加熱した結果、人間の体温に等しい 36 ℃ 付近で、桐は 1 m^2 当たり 350 ワット、セラミックとナラが 300 ワット、ヒノキ 260 ワットと、桐が並はずれた放射量を示している(データ 13)。普通遠赤外線を測定する場合、炭素でつくった黒体炉を基準として多い少ないを決めるが、黒体炉を 100 とした場合、ポリエステルが 55 ％、セラミックポリエステルが 65 ％、桐は 94 ％と炭素でつくった標準値黒体炉に匹敵する放射量だった。更に、それだけでなく、人間の体温と同じ 36 ℃ 付近での黒体炉の遠赤外線の波長が、9.4 ミクロンに対し、桐も全く同じで 9.4 ミクロンであった。遠赤外線がその放射熱によって、身体の芯まで温め、しかも防湿効果(調湿)、防臭効果が血液の循環を良くする機能を備えている事が、桐の特性になっている事がわかる。桐の床に素足で触れた時の優しい温かさ、桐下駄の快適性、水廻りの床にカビを発生させないなどの諸性能を裏付けている。

6. 暴露実験に見る驚くべき桐の耐候性

　東京都文京区にある私のマンションだが、桐集成材(3 層、30 mm)をベランダに放置して 6 年になる。植木鉢の下に敷くには、鉢に与える衝撃も少なく好都合だった。4 季をとおし 3〜4 鉢は常に置き、朝晩の水やりは欠かさなかった。雨の日もあれば高湿度の熱帯夜も多かった。私の信州の留守宅と異なり、東京は海洋性気候の代表的な場所でもある。朝晩の温度差は少なく、夏と冬の湿度の差は大きい地域である。更に梅雨の期間が約 2 カ月間と続く。この環境での暴露実験も世界の住宅に用いる建材テストとしては願ってもない環境である。

　建材の暴露実験としては、北陸富山が有名だが、それは年間通しての多湿と寒い季節、雪と冷たい北風に当てる事が出来るからである。偶然ではあるが、私の暴露実験地となった東京における私邸、しかもマンションベランダでは、認定書こそ出ないが、木にとって苛酷極まりない環境である事は間違いなかった。偶然とは言え、私が木製防火扉の芯材に用いた桐の集成材をそのまま試験体にした日常生活の中での 6 年間に及ぶ長期実験となったのである。

　毎週末には、長野の留守宅に帰る私達夫婦だが、今度の出版に当たり、各種データ

を分析して来た私は、東京のベランダに放置してあった桐の中がどうなっているか気になりだした。ヒョットしたら前記した各種データ、吸湿、吸水、腐朽、狂いの性能を裏付ける貴重な結果が得られるかも知れない……と胸は高まった。反り、ハクリ、寸法変化が生じていない事を確認した後、留守宅の近くのホームセンターから電動サンダーを購入し、慌しく着替えて広い田舎のベランダでの作業が始まった。直後、ピカピカの桐が現われて来た(図4-17)。ほんの2～3ミクロン粉で飛ばしただけである。高まる興奮を抑える事が出来なかった。物置からノコギリを持ち出し、木口から数mmを切った。やはりピカピカの桐が現われた。この集成材の特徴は、3層の内真中の1枚は、目方向を変え交錯する形で集成してあるため、縦目方向、横目方向、面方向を同時に観察出来たが、双方とも集成した当時のままの新鮮な状態だった事には感動した。

「ここにもあるわよ」と女房が黒くなった1枚の桐板を庭から持って来た。

集成する前の板(厚さ8mm)は、やはり6年間前から田舎の軒先に放置しておいたものである。信州佐久は東京のベランダと異なり、標高700メートルと高く、夏の紫外線、赤外線は強い。真冬は氷点下14～5℃になる厳寒、かつ、乾燥地帯である。雨や雪に直接当たらず壁に接していた部分はまだら模様にシミとなり、太陽に面し、雨、雪、紫外線に直接当たっていた面は均一な灰色に変わっていた。サンダーに掛けると直後にピカピカのままの桐が現われた(図4-18)。

予定していなかった、長野県佐久高原と東京の対照的気象での過酷な実験を行う事が出来た。双方とも無塗装のままでの6年間に渡る実験となった。

集成した材は海洋性気候の東京で、単板は内陸性気象の代表的ロケーションの長野県佐久高原だった。佐久の夏は、日中は30℃に達し、夜は15～6℃に下がり、1日の温度差は大きい。計らずにも前記のさまざまなデータを裏付けるものとなった、桐が外壁材、土台に用いた場合の適性を証明した事になる。

中国から日本に輸出される桐集成材に関心を持った、アメリカが住宅の外壁材として近年大量に輸入を開始した理由も理解出来た。正に外断熱材であり、ペンキ塗りの好きなアメリカ人には好まれる材になったのである。

その後、耐候性ペンキを桐に吹き付けてみたが、かなり厚く塗布しても桐の木目が現われ、モルタルやサイデリアの様な奥行きの少ない、視感、触感とは一味異なった重厚感があった。耐火性の強さは、防火扉の厳しいテストでクリアーしている事から、防火地域、準防火地域を問わず採用可能であり、断熱性の高さ、結露に対する配慮も不要な事から、単純な構成による外断熱工法を可能にする事が出来、戸建住宅に対するコストダウンにも貢献する事が出来る。

また、集合住宅における内壁も、断熱、防音を兼ね、更に、遠赤外線の放出で健全な空間を創る事が出来る、クオリティーを高め、コストを落とす可能性も見えて来た。

第4章　住宅向け早生樹「桐」の優れた諸性能

図 4-17　東京都文京区での暴露実験

① 3層に集成した桐、6年間東京のベランダで風雨にさらされ、鉢の下敷にもなっていた。割れ、反り、寸法の変化はない。灰色に変色している。東京から田舎の留守宅に持ち帰り、樹齢100年の松を背に早生樹桐を撮影したものである。

② 集成材表面側をサンダーで磨いてみる。直後真新しい桐が顔を出した。2〜3ミクロンの削りと思われる。

③ サンダー掛けをほぼ半分の面積にまで行った。6年間の風雨にさらされた木とは思えない新しい木のままだった。（無塗装）

⑤ 更に木口をノコギリで切ると、写真の状態であり、桐が水分を吸わず、湿度も吸っても再び放出し、木材の鮮度を落としていない事が理解出来る。幸いこの集成材は、真中が横目、両サイドが縦目で用いているため、桐の全ての角度からの試験となった。
ノコで落とした部分も表面は変色している程度で腐朽は見られなかった。

図4-18　長野県佐久での暴露実験

① 集成しない桐無垢は、長野県佐久の軒下に同じく6年間放置したものであった。雨の吹きつける外壁に立てかけておいたため、裏面はランダムに表面は灰色に変色している。太陽に直接当たり、雨雪に当たっていた部分は灰色一色だった。

② サンダーを掛けるとわずか10秒〜20秒位でピカピカの桐が現われた。1〜2ミクロンの変色であり、腐朽ではない。

③ 表面2〜3ミクロン、木口2〜3ミリ程の変色だった。

7. 住宅用建材「桐」の可能性

　先述した様に、さまざまな角度から科学的に分析した桐の分析データの筆者としての公表は、今回が初めてであり、高貴なる木がゆえか、また、柔らかくて強度もなく、釘も効かないとの思い込みが強かったためか不明だが、少なくとも住宅用建材として用いられた実績はほとんどない。現在、築後400年以上も健全な姿で残っている全国の古建築は1万軒を超えている。戦前までの住宅工法の多くは、適材適所に樹種を選び、骨組（構造体）と屋根を造って1年間は放置し、四季の木の動きをさせた上で、仕上げに入った、木材には地場産を用いたため、住宅の耐用年数は長く、高貴で高価だった桐の登場は必要なかったと思われる。ただし最も有力な理由は集成技術をもちあわせていなかったためとの理由が正論だろう。現在の様に、ほとんどが輸入木材に依存し、樹種も選ばず、工場でのプレカット方式で、極短期間（1日〜7日）で構造体、外装を仕上げるため、日本の住宅の平均寿命はわずか25年と言われている。地場産の木材を用いるどころか産地不明の海外の木材により構造体が造られているためである。更に、木材大量輸入による世界の森林を喪失し続ける大きな原因ともなった。地球温暖化が強く叫ばれる時代、失ってしまった自然林の過失に気づいた今になってようやく、高貴な桐集成材の登場が必然性を帯びて来た。

8. 先人達の知恵に見る桐の強度

　お話の担ぎ棒はなぜか長さ6m、太さ10×6cmとなぜか太く同じサイズになっているものが多い。また、昭和の近年まで農民や商人が生涯の道具として大切にしていた天秤棒も桐だった。

　更に、島根県松江市にある松江城（築城1611年）の天守閣の階段は全て桐で出来ている（図4-19）。これは、防火、防虫に優れ、軽いため、また、ろう城の際には巻き上げるための必要性から高価な桐を選んだと伝えられている。殿、姫のお籠の担ぎ棒、肥桶としても用いた天秤棒、城の階段、いずれをとっても絶対に割れる事は許されなかった材料に桐が選ばれているのである。

　先人達は桐の強さは深く理解していた事が伺える。ただし、木造住宅には、ふんだんにあった地場産の木を厳選し、何年も掛けて自然乾燥させ、長寿命の家を建てて行ったため、高貴な木、桐に依存する必要はなかったと推測出来る。

　法隆寺や善光寺に見られる古寺院が千年単位の長寿命を持っているのは、地場産の木材を用いていたことと、南東の斜面に育成した木は南東の柱に、北東の斜面に育った木は北東の柱に用いるなど、南東の木と北西に育った木を組み合せる事により、相反する方向に反る木を用いて、強度のある構造体を造ったためと伝えられている。

　現在、ホームビルダーが大企業となり、経済活動の主要な一角に君臨し、年間戸建住宅で百万棟以上、マンション市場で20〜30万戸建設される時代、古代建築を真似

第 4 章　住宅向け早生樹「桐」の優れた諸性能

図 4-19

松江城（築 1611 年）
天守閣の 1 階から 4 階までの階段は全て桐が用いられている。

る事は不可能だが、木材選択と木への対応に対する発想の大転換が必要の様だ。

9.「桐床上での生活 6 年」からの報告

『桐の超能力』の著者森崎勉氏は、3 代に渡り多種の木に触れ、その結果桐に魅されて行った人物だが、著書の中で先ず桐の足のマットを造り、知り合いに差し上げたところ、「肩のこりが治った」「寝付きが良くなった」と好評を与えた事から、筑後平野の熱帯夜に苦しむ人々を快適に眠らせようと、桐布団開発への発想に繋がったと記されている。

興味を深くした私は、新潟の加茂市が、桐箪笥の販売減少に伴って発売した桐の床を求め、東京都白山のマンションの全て(和室以外)、トイレ、脱衣所、リビング、キッチン、寝室の床を桐に換えた生活を始めた。入居する時、全てオプションとして貼らせたものである。冬は床暖房を思わせる程温かく、夏は桐の持つ調湿性からかサラサラになり、室内の湿度も安定させてくれ、スリッパが邪魔になる爽快な生活が始まった。

信州の田舎の家は、建て替えて 17〜8 年になるが、桐の魅力の深さを知らなかった私に、著名な建築家は桜の床にした事を強調し、一流の材を使ったとクライアントである私に誇らしげに語った。

今でも毎週末には帰省するため、その差は身を持って体験する事が出来る。信州佐久の真冬は、氷点下 14〜5℃ まで下がる。冬の帰省時、とり合えず室内の暖房を入れてから、食事の買い物に出掛け、水道凍結のため締めていた元栓を解除し、ようやくくつろぎの時間に入るが、床はいつまでも冷たく、スリッパはいかなる小移動にも欠かす事は出来ない。座る場所にはじゅうたんは不可欠だった。

過酷な冬の留守宅で週末だけの生活の楽しみの 1 つは、桐下駄を履いて庭に出る事である。氷点下 12〜3℃ でも素足の方が暖かさが楽しめる。

桐は、人間の肌に接した直後(0.2 秒と自称桐学者は語る)で体温と同温となる。大昔より日本人が、桐下駄を求め続けたのは軽いだけの理由ではなく、「この暖かさ、夏の場合はサラサラ感、雨の時もじめじめしない」を味わえるためだった事が良くわかる、増して割れにくい性格は先に記述した。東京での桐床マンション暮らしも、先ずスリッパを不要としなければ快感は味わえない。寒さが増す程に暖かさ感も増し、訪れる客の誰もが床暖と思っているから、桐講釈を語る事も楽しみの 1 つにしている。この暖かさはデータで示した遠赤外線を大量に放出しているためである。触れなければ暖かさを感じないので、多少の暖房は必要だが、断熱性にも優れているため、ほんのわずかの空調稼動で快適な空間が長く保てる。

更に、天然の正倉院と言われる程、乾燥期の冬には、湿度を放出してくれるため、加湿器の必要はない。夏のサラサラ感も、桐の持つ調湿力により、不快な温度を吸収してくれるため、快適性は変わらなく、わずかな冷房で済む。空調器は、空気の水分

を取るために暖房の7倍のエネルギーが必要であるため、桐による吸湿は省エネに大きく貢献している事になる。

先にゼロエネルギー住宅のシンポジュームに参加した。冬は陽射しを利用した空気を逃さず貯め込んでの24時間換気、夏は同じく夜間の冷気を取込む事による快適性との内容のレクチャーを受けたが、近年東京、及び、海洋性気候の強い地域では、夜間の空気は室内より暖まっている。また、湿度をいかに除去するかには触れていないため、まじめにメモを取る若い建築家には気の毒に見えた。少なくとも桐の長いダフトを通しての換気を提唱すべきだった。

現在は床だけでの生活だが、次は、壁、天井全て桐にする予定を持っている。窓の気密性を $1.0\,m^3/mh$ 以下、断熱性を $12\,kcal/m^2h$ 以下に保ったドイツ型省エネルギー住宅に桐を併用した内装を加えれば、ほんのわずかの冷暖房で済むはずである。桐を用いていないドイツ型省エネ住宅においても、空調機器は日本の1/4だった(1980年時点)。

桐の調湿については、後にデータで説明するが、箪笥に代表されている事で素人にも目で見る事が出来る。富山、新潟の多湿地帯で作った箪笥、家具が、東京のカラカラ天気、湿度20%以下でも寸分の狂いがなく、片方の引き出しを閉めれば、片方が飛び出す程精度を狂わせていない。以前私は、全く同じ寸法にカットした厚さ $10\,mm$、長さ $30\,cm$ の桐板を2枚作り、1枚を重しを乗せ、24時間水中に沈めた。その後水に漬けなかった桐と寸法合わせしたが、ミクロの世界で再度説明するが、調湿性を持ちながら、寸法の安定性を保つ正倉院とは異なった特性を持っている。寸分の狂いもなく、スタッフを驚かせた事がある(吸水データ参照)。

桐床の魅力は、更にカビを発生させない事である。キッチンの床、脱衣所、陽の当らないトイレ、冷蔵庫の裏、常に乾燥状態であり、6年間カビはおろか、1匹のゴキブリにも出会っていない。

9.1. 床が大切か子供が大切か

桐床開発のメッカの1つに、新潟県加茂市がある。現在、保育園、幼稚園の床は、桐床を用いているケースが多い。建設当初、保護者の間から床表面に傷は付かないか？との質問が上がった時、桐を知る職人の保護者から、「床が大切か、子供が大切か？」と発言があり、一瞬皆が押し黙ってしまったと伝えられている。その様な抵抗は以後無くなった事は言うまでもなかった。現在コルクを用いた床が市場に出回っている理由も理解出来る。高齢化社会、内装は硬さを求めるのではなく柔らかさを求められている。

現に私のマンションで、女房が百円ショップから購入して来たグラスを食卓から桐床に落としても砕ける事は先ずない。それに比べ、信州留守宅の桜の床は100%割れ粉々になる。高齢化社会、老人に優しい床としては、桐に勝るものはないと思ってい

る。吸音効果も大きく、同じ高さから、桐の床にゴルフボールを落としても、桜の床に比べ高い音も出ず、はねる長さも小さい。

　なお、桐の復元力は強く、ヘコミなどはスチームアイロン、ぬれ手拭の上からのアイロンで復元する。また、墨汁やコーヒーをこぼしても、すぐに拭取れば跡形もない。時間が経ってから拭取ると多少のしみになるが、製材する時細胞を削るためで、ミクロ単位の浸透である。従って、細かいサンダーを用いれば美しい桐に戻る。古い箪笥を新品にしてくれる業者がいるが、金物を外し、細いサンドペーパーを掛ければ真新しくなる。

　木を好む日本人は、見た目で美しい床を選ぶ習慣から抜け出せないでいるが、桐も3〜4年経過すると、美しいアメ色に変わり、小傷も想像とは全く異なり付きにくく、認識を改める必要がある。桐床での生活6年を体験し、土足で部屋に上る習慣を持つ国は別として、全世界の住宅に歓迎される特性がある。今年の冬、(財)消費科学センターから桐床をオフィスで試してみたいとの依頼があった。施工後時を置かず、「スゴイワネー、まるで床暖房ね」と喜びの電話が飛び込んで来たのは言うまでもない。

10. 桐餌箱のミミズが人間に語り掛けるもの

　釣り愛好家の間で桐の餌箱の人気が高い事は兼々耳にしていた。大手販売店上州屋を訪ねると、最も高い価格で販売されている。図4-20は、執筆中に小ドライブをして、郊外ショップから求めたものである。若い店員さんは、「木でありながら水が入らず、また、反らないため、餌が長持ちするためです」と答えてくれた。「木ですから呼吸もしているんです」とも付け加えてくれた。他の樹種での餌箱はないと言う。

　釣り好きでキャリアの長い友人に尋ねると、「ミミズが他の箱と異なり長く元気なんだよ。餌が元気だと魚の喰い付きが違うんだ」と答えてくれた。この執筆も終わりに近づいていた頃であり、桐の持つ寸法の安定性を保ちながらの調湿効果、遠赤外線の豊かな放出、また、タンニンによる防腐、防臭効果、外部温度に左右されにくい断熱効果、防水の性能が、計らずもミミズ等の釣り箱に集約される形となった。昆虫の様な動物に対しても、良好な環境を創り出している事が理解出来る。

　下等動物とは言え、環境に敏感に影響される事はまぎれもない事であり、高等動物人間の住空間をも健全で快適にする桐をミミズからも学ぶ事が出来る。

　科学的な分析によるデータも重要だが、先人の知恵として文化財等に見られる重要な製品の保存には必ずと言って良い程、桐の箱が用いられている。私共生まれた時の臍の緒が腐る事なく桐の箱に納まっているのは、読者諸兄の中にも多いはずだ。ミクロの世界で覗いた「チロース構造」と言う宇宙を連想させるミクロの小部屋が、我々を含めた生命体に対し、優しい環境を提供しているのである。科学的メスの入らなかった昔は、不思議とも思える桐の魅力、神秘性、桐の超能力、高貴な木と表現して来たが、その謎が次第に解明されて来ている。

図 4-20

桐で出来た餌箱。釣り愛好家の中ではかなり以前より評価は高い様だ。

　住空間を設計する建築家と議論する際、私が提示する資料は、レポートでも資料集でもなく、桐の餌箱にする事にした。多くの説明をせず、桐に注目していてくれるからであり、何よりも説得力のある事から上州屋のブランド力とミミズに深く感謝している。

第 5 章 「低炭素社会」変わる住宅の壁

1. 登場した桐による内外一体型壁工法

　光合成により蓄積された炭素を永く固定する事が、低炭素社会構築にとって最も大切な事である。化石燃料が主流で製造された、いわゆる新建材に炭素を固定する事は出来ない。東京大学名誉教授有馬孝禮氏は、著書『なぜ、いま木の建築なのか』の中で、「木造住宅は都市における炭素貯蔵庫」と記している。炭素固定、すなわち CO_2 削減は、いかに木造住宅を世界に広げるかにかかっている。木材使用住宅が地球上の天然林喪失に繋がるものであれば地球温暖化防止に逆行するものだが、植林樹により循環型から生まれる木材を、70 年〜100 年と長期に使用する住宅にふんだんに用いる事が有効である。日本の場合、現在大不況下にありながらも、年間 85 万棟の住宅が建築されている。全てが木造住宅ではないが、木造住宅であっても、最も面積の広い壁にはほとんど木材は用いられていない。外壁は、モルタル、又は、サイディング、その中は、断熱材（ロックウール等）が充填され、ベニア、防湿シートで固められ、内装はベニアの上にクロス貼りで仕上げられている。炭素固定しているとはどう見ても言えない実態である。

　桐は生長が杉と比較し 4〜6 倍と速い事から、現在の木造住宅が炭素貯蔵庫であるなら、桐を壁に用いた家は、大型貯蔵庫と言える。第 4 章でも詳しく説明したが、桐は極めて耐候性が強く、結露、腐朽の心配もない。更に、調湿効果は天然の正倉院と言われながら、寸法の安定性は高く、膨張、伸縮は限りなくゼロに近い。断熱性は、著者の知る範囲ではいかなる木材より高く、図の様に断熱材を 25 mm かませた内壁に用いた場合、次世代省エネルギー数値を日本全土において満たす事が出来る。南北に長い日本列島の厳しい断熱基準は、全世界の住宅にも通ずるものである。壁面積は、一軒平均 140 m^2 と言われている。窓面積もあるので、多少荒削りの数値ではあるが、この内外一体化桐壁を全面的に戸建住宅に採用した場合、一軒で 1.8 トンの炭素を固定する事が出来る。CO_2 削減量に換算すると、6.6 トンになり、一家庭から年間に排出される CO_2 の平均 5.5 トン（環境省ホームページより出典）をはるかに上回る炭素を固定する事が可能となる。

　木使い運動が各地でさまざまな形でのシンポジューム、研究会、実践会が開かれているが、増え続ける温室効果ガス（NHK、11 月 23 日放送）の前には、いかにも小さなアクションである。植林後 6〜10 年で、集成材として使える桐を、戸建住宅の壁、床、

天井等に用いる事は、低炭素社会を目指す各国にとってビッグで安価な提案を得た事になる。

この壁は、京都議定書に批准せず、先進国として省エネ政策に遅れをとったアメリカより採用される運びとなったが、いずれ先進国、途上国を問わず、桐による家の建設が進めば、国境の壁なき温暖化防止、経済界との摩擦なき大きな省エネが地球規模で展開される事になる。正にアメリカにとっては、罪滅ぼしにもなり、再び世界に対し低炭素社会形成のリーダーシップを取れるかもしれない。以下に、前例なき桐による内外一体化壁の企画書を添付する。（図5-1～5、出典：クロイワ建材研究所）

2. 桐集成材による内外一体化壁「KUROIWA WALL－110」の開発コンセプト

従来戸建住宅（木造）における外壁、内壁は、在来工法としては軸組が多く、外壁にサイディング、又はモルタル、防水シート、断熱材、構造パネル、ベニア、クロス貼りにより、多工程の中で仕上げられている。

ただし、結露による壁内部のカビの発生、柱、床の腐食、害虫の棲家などの危険性が多く、断熱材の内部欠落等も発見しにくく、性能の安定性、断熱面、衛生面、耐火性、耐力、コストにおいて消費者に対し必ずしも良好なサービスではなかった。

長期優良住宅が求められ、低炭素化社会、ローコスト時代の到来に至り、この壁構造を根本から見直す必要性に着眼し、開発に至ったのが、内外壁を一体としたKUROIWA WALL－110シリーズである。

当研究所（筆者ら）は、桐集成材を用いた防火扉（60分耐火、20分耐火）による認定を平成3年に取得している。また、従来型空洞扉を桐芯材にシフトした安全、かつ、クオリティーの高い木製扉も消費者に提供している。

この度、桐集成材の（耐火・調湿・断熱、耐候性、耐腐朽、耐結露、寸法の安定性）高さを用いて、内外壁一体化の考察を形にした。桐の持つ建材としての適性、また、永年に亘る暴露実験結果については、第4章を参照されたい。当考案により、次世代新省エネ基準で日本全土をフォロー出来る断熱性 $2.17\,m^2\,k/w$ を実現した。更に、炭素固定量は $10.5\,kg$／1パネルに達し、2×4にも勝る壁強度も可能にした。コストは工事が極めてシンプルな事から、従来の内外装費大幅ダウンとなり、高いクオリティーと、安い価格の提供により、消費者へのサービスを、より充実していただく一助になる事を開発者として期待している。

3. ネオマフォームと桐の類似点

KUROIWA WALL－110シリーズに採用したネオマフォームは、気泡構造が100ミクロン以下という極微細、桐のスチロース構造と良く似たミクロの小部屋を持っている。（独立気泡率94～95％）

第 5 章 「低炭素社会」変わる住宅の壁

図 5-1

KUROIWA WALL－110
低炭素社会のエースパネル

内観（桐 25 mm、ネオマフォーム 25 mm、桐 60 mm、ケーブルスペース）

　フロン系ガスを一切使用しない「炭化水素」での発泡、オゾン破壊係数ゼロ、地球温暖化係数（対 CO2 比、100 年値）23、炎をあてても燃え広がらず炭化するだけ、発火温度 500 ℃（桐 430 ℃）、更に有毒なシアン化水素は発生しない。その他、主な特徴を列記する。

主な特徴：密度 27 kg/m^3（桐 29 kg/m^3）、熱伝導率 at 20 ℃ 0.02 w/m^{2}k、曲げ 50±5/N/cm^2、圧縮強さ 15±3 N/cm^2、吸水率 1.7/g 100 cm^2（桐木口面 1.74）、熱変形温度 200 ℃ 2 % 以内、燃焼時発生ガス一酸化炭素 70 mg/g、二酸化炭素 600 mg/g、塩化水素、シアン化水素、硫黄酸化物、窒素酸化物、検出せず、ホルムアルデヒド JIS A 9511、放散速度 5/ug(m^{2}h)、F☆☆☆☆等級

　廃棄時有毒性（溶出試験）、総水銀、カドミウム、六価クロム、全シアン、トリクロロエチレン、全リン、アルキン水銀、鉛、砒素、PCB、テトラクロロエチレン不検出（桐は別添詳細参照）

　以上、ネオマフォームは、寸法の安定性を始め、桐と極めて類似した特性を持ち、シックハウス症候群の数値も桐同様不安はない天然材に近い安全な材である。（詳しくは、旭化成ネオマフォーム HP http://www.asahikasei-kenzai.com/akk/insulation/

図 5-2

KUROIWA WALL－110
全体横断面及び、各数値

全体横断面 及び、各数値 S=1/10

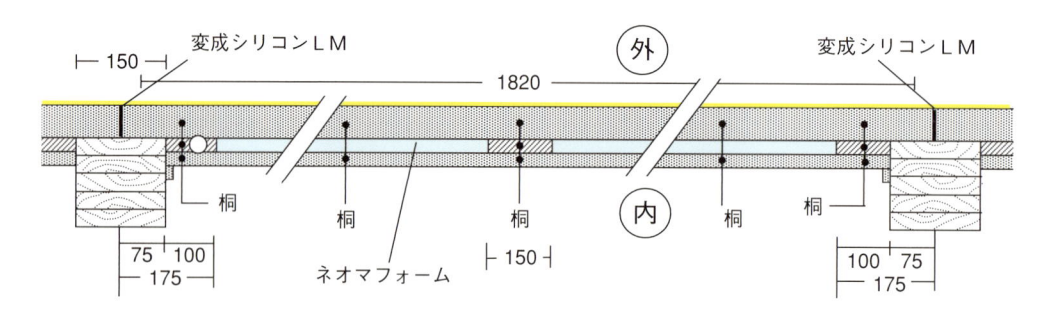

（図：桐パネル横断面図　変成シリコンLM、150、1820、外、内、桐、ネオマフォーム、75、100、175）

桐パネルサイズ　　W1820　H450　T110
　〃　体積　　　　0.09 m³ （桐だけの体積 0.07 m³）
　〃　面積　　　　0.82 m²
　〃　重量　　　　21.8 kg
　　　　　　　　　（ネオマフォーム1.5 kg 含）

次世代省エネルギー法数値

Ⓐ 熱抵抗値　2.17 m²k/w

この数値の中に赤外線反射塗料による数値は含まれておりません。

① 桐厚　　　　　　0.085 ÷ 0.073 kcal/mhc ＝ 1.16 m²k/w
② ネオマフォーム厚　0.025 ÷ 0.02 kcal/mhc ＝ 1.25 m²k/w
　　　　　　　　　　　　　　　　① ＋ ② ＝ 2.41 m²k/w

③ ネオマフォーム欠損差値　0.24 m²k/w ＝ 2.17 m²k/w

Ⓑ CO2吸収量　38.5 kg/1パネル

[[0.07 m³ × 0.3（比重）] × 0.5（炭素固定量）] × $\frac{44（CO_2吸収量）}{12（炭素固定量）}$

1軒平均壁面積140 m²とした場合、170枚のパネルが必要と想定されます。この時CO2は6,545 kg (6.545 t) に相当し、CO2削減を達成することになる。
（一戸平均年間CO2排出量5.5 t）

特許申請済
クロイワ建材研究所

第 5 章 「低炭素社会」変わる住宅の壁

KUROIWA WALL－110
横断面図

図 5-3

＜縦断面図＞
柱直付型

S=1/2

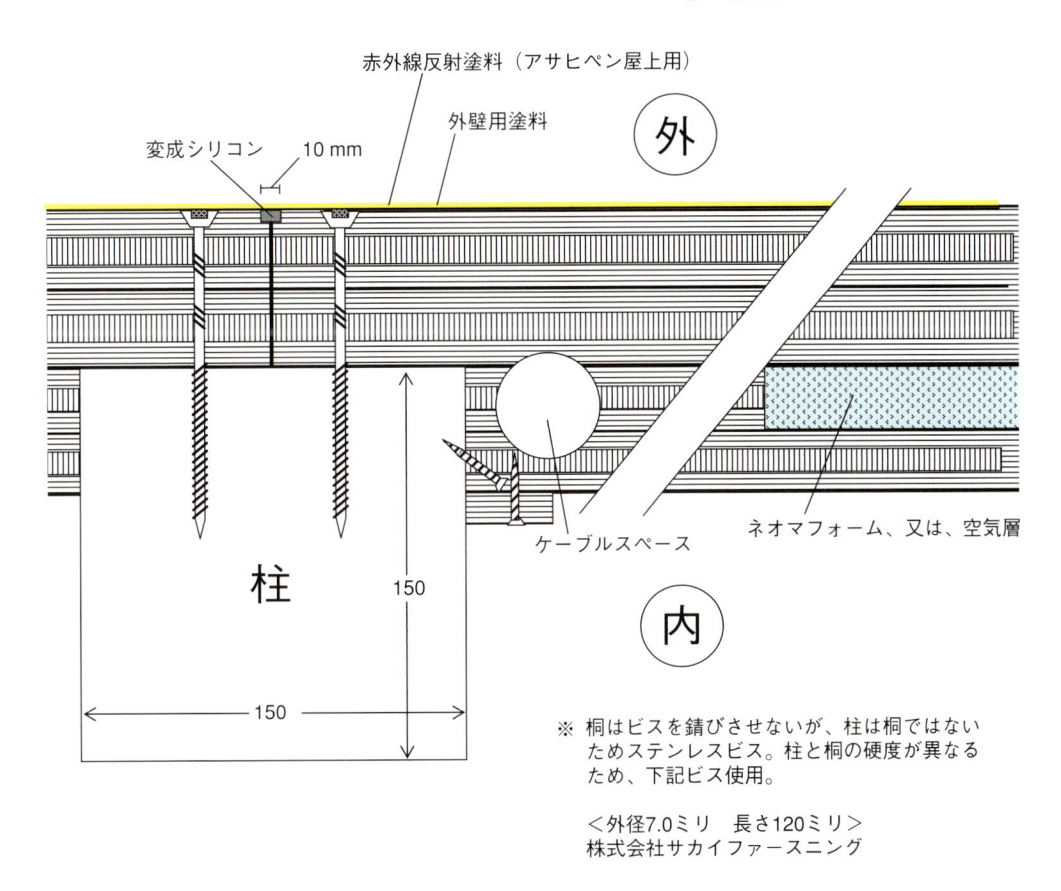

- 赤外線反射塗料（アサヒペン屋上用）
- 外壁用塗料
- 変成シリコン　10 mm
- 外
- ケーブルスペース
- ネオマフォーム、又は、空気層
- 柱
- 150
- 150
- 内

※ 桐はビスを錆びさせないが、柱は桐ではないためステンレスビス。柱と桐の硬度が異なるため、下記ビス使用。

＜外径7.0ミリ　長さ120ミリ＞
株式会社サカイファースニング

特許申請済
クロイワ建材研究所

94　第5章 「低炭素社会」変わる住宅の壁

図5-4

KUROIWA WALL－110
縦断面図

＜縦断面図＞
柱直付型

S=1/1

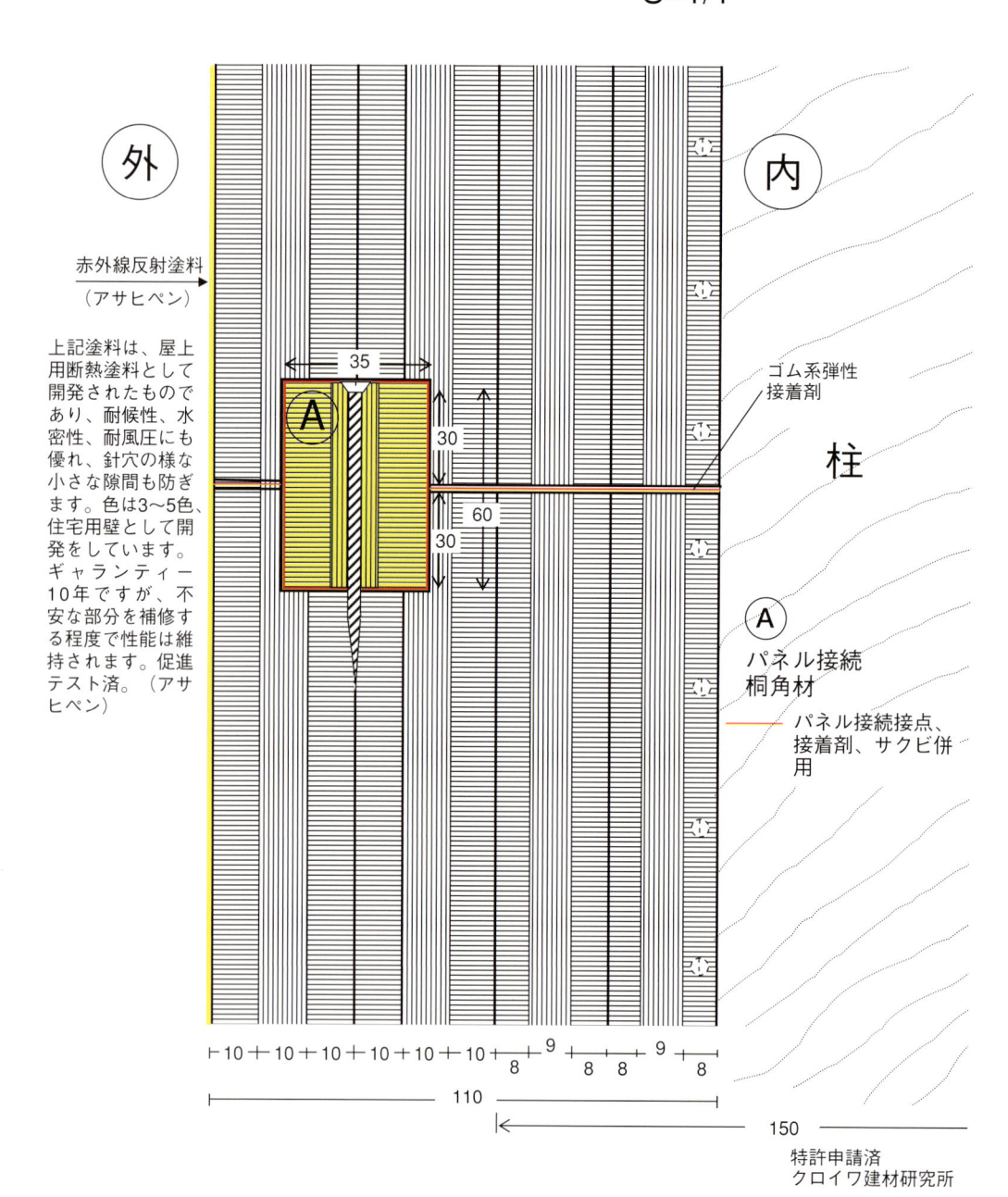

外

内

赤外線反射塗料
（アサヒペン）

上記塗料は、屋上用断熱塗料として開発されたものであり、耐候性、水密性、耐風圧にも優れ、針穴の様な小さな隙間も防ぎます。色は3～5色、住宅用壁として開発をしています。ギャランティー10年ですが、不安な部分を補修する程度で性能は維持されます。促進テスト済。（アサヒペン）

ゴム系弾性
接着剤

柱

Ⓐ
パネル接続
桐角材

パネル接続接点、
接着剤、サクビ併用

35
30
60
30

⊢10⊢10⊢10⊢10⊢10⊢10⊢9/8⊢9/8⊢8⊢9/8

110

150

特許申請済
クロイワ建材研究所

第 5 章 「低炭素社会」変わる住宅の壁

図 5-5

KUROIWA WALL－110
角構造

角構造

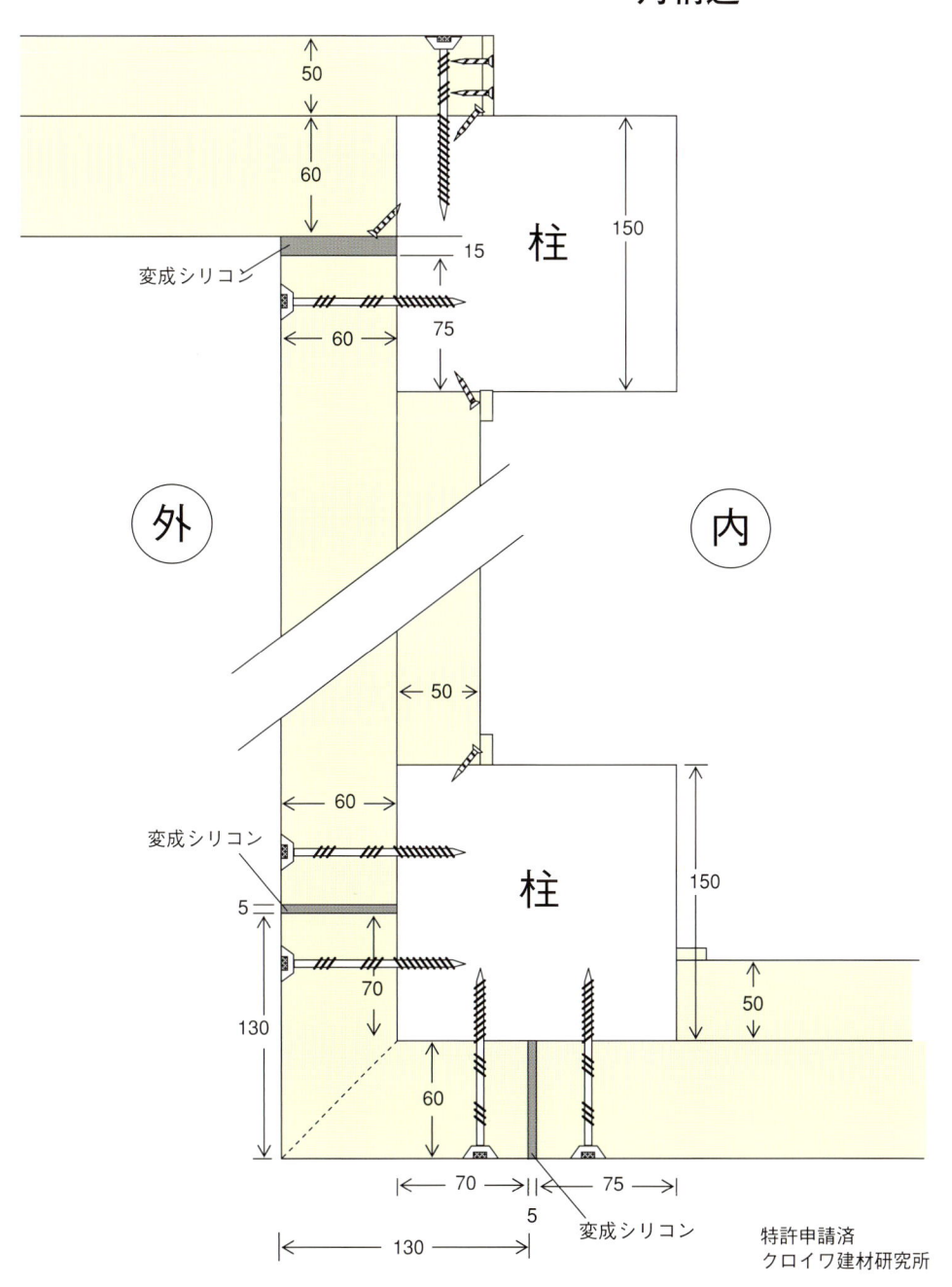

柱
150
50
60
変成シリコン
60
15
75

外
内

50
60
変成シリコン
5
70
130
60
70 75
5
変成シリコン
130
柱
150
50
柱

特許申請済
クロイワ建材研究所

neoma/index.html 参照)

4. 断熱性数値への対応

　KUROIWA WALL－110 シリーズの熱抵抗値 2.1 m^2 k/w は、暖房度日 4,500 度以上の地方(北海道)の北部以外、全ての地域で次世代省エネ基準をクリアーする。

　筆者らは、桐芯材(55 mm 厚)にて、60 分耐火試験(特定防火設備)をクリアーした。従って、100 mm の桐パネルに不安はないが、柱が内側に丸出しになるため、柱の耐火性が弱く、防火(準耐火)の認定を取得する予定である。柱が桐であれば耐火壁の取得は可能であろう。

5. 住宅建材「桐」のこれから

　幸い桐は、その国、その地方の一番寒い月の気温が平均でマイナス四度以下にならなければ、生育のスピードさえ異なるものの地球上で生育すると、『桐と人生』の著書の中で八重樫良暉氏は記述している。放出された CO_2 は、いかなるエコ活動でも回収する事は不可能である。樹木と植物の光合成運動に依存する以外にはない。生長の速い桐で CO_2 を大量に吸収し、炭素を固定した桐による住宅を建て、CO_2 を出しにくい断熱性の家を桐で建てる。正に、桐は地球を救える可能性の最も高い樹種(クサ科の植物)である。

　桐で大量の炭酸ガスを吸収し、断熱性の高い住宅を世界に広げ、桐も含めた早生樹で、化石資源から脱却した電力を生産する。こんな英知も加える事により地球上の生命体は救えるかも知れない。

出　典

有馬孝禮：『なぜ、いま木の建築なのか』学芸出版社（2009）
アル・ゴア：『不都合な真実』ランダムハウス講談社（2007）
国際林業研究センター（CIFOR）：『早生樹林業 ─神話と現実─』（2005）
国際林業研究センター（CIFOR）：『木はお金で育つか？（森林の展望4）』（2008）
小林紀之：『地球温暖化と森林ビジネス』日本林業調査会（2003）
中井　孝・山井良三郎：「日本産主要35樹種の強度的性質」林業試験場研究報告 No. 319、農林水産省（1982）
森崎　勉：『桐の超能力』文化創作出版（1989）
八重樫良輝：『桐と人生』明玄書房（1989）

あとがきの言葉に込める現政治への苦言

「森林力に対する貧弱な認識による日本の発想力とリーダーシップ（行政）では、地球温暖化防止は不可能」と判断し、学者でも政治家でもない一随筆家の私が独自の角度から筆を持たなければと決意したのは、今年の 2 月も過ぎる頃だった。省エネの前に森林による地球自浄が最も重要な施策でなければならないからである。

百年に一度と言われる大不況がアメリカから始まり、瞬く間に全世界に広がった。アメリカ新大統領オバマ氏は、前大統領ブッシュ氏が手を付けようとしなかった CO_2 削減を主軸とするグリーンニューディールを直ちに提案し、新たな産業による経済の活性化と温暖化防止を大声で世界に向って呼び始めた。その面から見ると大不況は地球にとっては神風だったとも言える。先行していた EU 諸国、日本、オーストラリア、カナダであるが、不可解なのは森林国家であるはずの日本がオバマ大統領と全く同じ方針を打ち出している事である。

各メディアを用いて「明日のエコでは間に合わない」とニヤニヤした若者を使った危機感のない、空しいパブリシティーが繰り返されている。

「グリーン」と言う健全な森林をイメージした言葉だけが、各企業のコマーシャルにも軽々しく踊る、ただし「森林産業の復活」地球上における「森林喪失の防止」と言う森林と言う言葉がどこからも聞こえて来ない。それどころか 2009 年 6 月 10 日の麻生総理の中期削減目標設定 15％の演説では、「ヨーロッパ諸国と異なり、森林の CO_2 吸収力を計算に入れない純な目標だ」と自慢さえした演説だった。1990 年を対象とし、京都議定書で約束した 2007 年までの大幅な未達成分 1 億 900 万トンの責任を葬り隠そうとする政府の発表は、EU 諸国始め、日本国民の視線を逸らそうとするごまかしの目標設定だった。

日本は経済大国としては唯一国土の 3 分の 2(70％)の森林を持っている国である。CO_2 吸収力においては最も有効な資源による手法を持っている、なぜ独自なグリーンニューディールがなぜ打ち出せないのだろうかと発想力のない行政に怒りすら覚えながら取材し筆を進めた。

「今世紀末までに全世界の人口は 5 億人（現在 60 億人）になってしまう」と警鐘を鳴らしているのは、英国の著名な科学者であり、この警鐘を真摯に受け止めなければならないと、東京大学山本良一教授は私にメールで伝えてくれた。明日の地球を知らない幼い子供達のあどけない笑顔が脳裏を去来した。この真実を日本の政治家は知っているのだろうか。

省エネには当然経済活動の減速が余儀なくされる。自動車、電気製品に対する行政の助成が華々しく報道されるのはやむを得ないが、地球大異変のメカニズムから見ると、あまりにも浅い思考力であり、空しい削減量である。1％や2％の削減にこだわっている段階ではない。正に森林保護を忘れた土台のないエコ活動である。森林保護によるCO2吸収には、経済界との摩擦もなく、省エネコストは最も低い。

　私の執筆の主文とも言える「森林力」が基本でなければ、ここまで進行してしまった地球の汚染を止める事は出来ない。地球上の森林を喪失した事が主原因で、ボロボロな地球にしてしまった事を、世界のリーダー、特に木材輸入大国日本のリーダーは深く認識しなければならない。

　2060年には、人類の平均寿命は20歳になると語る学者もいる。すでに我々の孫達の生命にまで及んで来ている。「省エネ」だけではとても間に合わない深刻な状況になって来ている。先述した東京大学名誉教授月尾嘉男氏は「人類はゆるやかな変化に対しあまりにも鈍感すぎる」と憂いを深める。世界の天然林の伐採と輸出、輸入を全て禁止する位の大胆な国際法の整備が必要な時に来ている。森林喪失が止まればまだ地球は自浄力により救える可能性は残っているのである。

　執筆の最終日となった日、全盲の日本人ピアニスト、辻井伸行さん(20歳)が、世界2大ピアノコンクール、第13回ヴァン・クライバーンコンクールで優勝したとの明るいニュースが飛び込んで来た。演奏する姿を見、久しぶりに「生きている人間を見た」生きているふりをする若者が増え、政治をしているふりをしている政治家ばかりが目に入る現在、辻井さんの快挙は、芸術を育む環境、豊かな森林の復活を含め、人類に健全な心と豊かな発想を持つ「生きる人間」と「生きた政治」を美しいショパンの曲の様に美しく甦らせてくれるかもしれない。

　我国の4大桐産地の1つ新潟県津南町の若井さんは、この出版に対し協力を惜しまなかった1人だが、林業者として素朴な詩を送ってくれた。最後に紹介し、ひとまず筆を置く。

　　2009年6月9日

　　　　　　　　　　　　　　　　　　　　　　　　　　　　黒岩陽一郎

聞えない…夏の朝、あんなににぎやかだった
　　せみの鳴き声が少ない
街灯に群がっていたクワガタ、カブト虫が現われない
今年も水田のカエルが鳴き始めた
　　わずか五～六年のことである
自然豊かな津南だからこそ「俺達の鳴き声が無くなったら
　　次は人間だぞ」と聞える
この急激な変化を感じる事が可能かもしれない
だとしたら、この津南からあえてメッセージを発信したい
　　地球を森で冷やそう
　　　次世代の子供たちのために

　　　二〇〇八年五月十日
　　　　　　津南町森林組合
　　　　　　　　若井岩雄

著者紹介：

Kuroiwa　Yoichiro
黒　岩　陽一郎

《略　歴》

昭和 15 年	長野県佐久市臼田生まれ
昭和 33 年	長野県立野沢北高等学校卒業
昭和 37 年	早稲田大学第一政治経済学部卒業後 3 年間信濃毎日新聞社勤務
昭和 40 年	長野県初の法人広告代理店「昭和通信社」を設立する。以後コピーライター兼再開発プランナーとして流通界の改革に着手、全国郊外型大型店の先がけとなる各種ショッピングセンターを長野県内に設立する
昭和 50 年	東京レポール専務に就任、ドイツより省エネルギー工法、防災工法を学び、木製防火扉による建築基準法改訂に貢献する
平成 12 年	クロイワ建材研究所を設立、現在に至る

《著　書》

単　著　随筆集『熟年の視覚』近代文芸社、2002 年

英文タイトル
Paulownia, The Savior of Environment

きりでつくるていたんそしゃかい
桐で創る低炭素社会

発 行 日	2010 年 2 月 28 日　初版第 1 刷
定　　価	カバーに表示してあります
著　　者	黒岩　陽一郎 ©
発 行 者	宮内　久

海青社
Kaiseisha Press

〒520-0112　大津市日吉台 2 丁目 16-4
Tel. (077)577-2677　Fax. (077)577-2688
http://www.kaiseisha-press.ne.jp
郵便振替　01090-1-17991

● Copyright © 2010　Kuroiwa, Y.　● ISBN978-4-86099-235-4 C3052
● 乱丁落丁はお取り替えいたします　● Printed in JAPAN

海青社の本 好評発売中

木材接着の科学
作野友康・高谷政広・梅村研二・藤井一郎 編

木質材料と接着剤について、基礎からVOC放散基準などの環境・健康問題、廃材処理・再資源化についても解説。執筆は産、官、学の各界で活躍中の専門家による。特に産業界にあっては企業現場に精通した方々に執筆を依頼した。〔ISBN978-4-86099-206-4／A5判・211頁・定価2,520円〕

森をとりもどすために
林 隆久 編

森林の再生には、植物の生態や自然環境にかかわる様々な研究分野の知を構造化・組織化する作業が要求される。新たな知の融合の形としての生存基盤科学の構築を目指す京都大学生存基盤科学研究ユニットによる取り組みを紹介する。〔ISBN978-4-86099-245-3／四六判・102頁・定価1,100円〕

木の文化と科学
伊東隆夫 編

遺跡、仏像彫刻、古建築といった「木の文化」に関わる三つの主要なテーマについて、研究者・伝統工芸士・仏師・棟梁など木に関わる専門家による同名のシンポジウムを基に最近の話題を含めて網羅的に編纂した。〔ISBN978-4-86099-225-5／四六判・218頁・定価1,890円〕

古事記のフローラ
松本孝芳 著

古代の人は植物をどのように見ていたか。人はどのような植物と関わって来たか。本書は、古事記のどの場面にどのような植物が現れているか、ときに日本書紀も参照し、古代の人に思いを馳せながら写真と文章で綴る"古事記の植物誌"である。〔ISBN978-4-86099-227-9／四六判・127頁・定価1,680円〕

滋賀で木の住まいづくり読本
滋賀で木の住まいづくり読本制作委員会

地域材を用いた地産地消の家づくりを見直そうとする活動が各地に起こっている。それは、近くの山の木で家をつくるという営みを取り戻し、森を後世に残すための第一歩でもある。滋賀県の林業・製材・建築関係者による事例集。〔ISBN978-4-86099-218-7／A4判・136頁・定価1,000円〕

ものづくり木のおもしろ実験
作野友康・田中千秋・山下晃功・番匠谷薫 編

木のものづくりと木の科学をイラストでわかりやすく解説。手軽な実習・実験で木工の技や木の性質について学び、循環型社会の構築に欠くことのできない資源でもある「木」を体験的に理解することができる。木工体験のできる104施設も紹介。〔ISBN978-4-86099-205-7／A5判・107頁・定価1,470円〕

木の家づくり
(財)林業科学技術振興所 編

木の家には温もりと優しさに包まれ、アレルギー源がない健康な環境が得られる良い面もあるが、建材からホルマリンが出る、湿気に弱いなどの悪い面もある。(独)森林総合研究所スタッフによる理想の木の住まいを手に入れるためのノウハウ集。〔ISBN978-4-906165-88-9／四六判・275頁・定価1,980円〕

住まいとシロアリ
今村祐嗣・角田邦夫・吉村 剛 編

シロアリという生物についての知識と、住まいの被害防除の現状と将来についての理解を深める格好の図書であることを確信し、広範囲の方々に推薦する。(「著者まえがき」より、高橋旨象・京都大学名誉教授・(社)日本しろあり対策協会会長)〔ISBN978-4-906165-84-1／四六判・174頁・定価1,554円〕

国宝建築探訪
中野達夫 著

岩手の中尊寺金色堂から長崎の大浦天主堂まで、全国125カ所、209件の国宝建築を木材研究者の立場から語る探訪記。写真420枚を収録。制作年、構造、建築素材、専門用語も解説。木材研究者ならではのユニークなコメントも楽しめる。〔ISBN978-4-906165-82-7／A5判・310頁・定価2,940円〕

雅びの木 古典に探る
佐道 健 著

古来、人は樹木と様々な関わりをもって生きてきた。ときに、祈り、愛で、切り倒すことに命をかける…。そうした古代の人々の樹木に対する思いを、神話や説話、物語に探った"木の文学史"。木材を様々な角度から楽しめる、興味深い一冊。〔ISBN978-4-906165-75-9／四六判・201頁・定価1,680円〕

もくざいと環境 エコマテリアルへの招待
桑原正章 編

大量生産・大量消費のライフスタイルが地球環境にもたらした影響は深刻である。環境材料である木材は、地球環境と人間生活が調和する未来を考えるとき重要なキーであるといえる。毎秋開講の京都大学公開講座をテキストにした。〔ISBN978-4-906165-54-4／B6判・153頁・定価1,407円〕

生物系のための構造力学 構造解析とExcelプログラミング
竹村冨男 著

材料力学の初歩、トラス・ラーメン・半剛節骨組の構造解析、およびExcelによる計算機プログラミングを解説。また、本文中で用いた計算例の構造解析プログラム(マクロ)は、実行・改変できる形式で添付のCDに収録した。〔ISBN978-4-86099-243-9／B5判・314頁・定価4,200円〕

木材科学講座 全12巻
循環資源である樹木の利用について、基礎から応用までを解説

1 概論(1,953円)／2 組織と材質(1,937円)／3 物理(1,937円)／4 化学(1,835円)／5 環境(1,937円)／6 切削加工(1,932円)／7 乾燥／8 木質資源材料(1,995円)／9 木質構造(2,400円)／10 バイオマス／11 バイオテクノロジー(1,995円)／12 保存・耐久性(1,953円) ＊(7,10は続刊)

木材の塗装
木材塗装研究会 編

より美しく、より高性能の塗装を行うには木材の性質、塗料、塗装方法などのあらゆる知識が必要である。木材塗装に関するわが国唯一の公的研究会による、基礎から応用までの解説書である。巻末に「索引と用語解説(23頁)」を付した。〔ISBN978-4-86099-208-8／A5判・297頁・定価3,675円〕

日本木材学会論文データベース 1955-2004
日本木材学会 編

木材学会誌に掲載された1955年から2004年までの50年間の全和文論文(5,515本、35,414頁)をPDF化して収録。題名・著者名・巻号・要旨などを対象にした高機能検索で、目的の論文を瞬時に探し出し閲覧することができる。〔ISBN978-4-86099-905-6／CD-ROM4枚・定価28,000円〕

木材の基礎科学
日本木材加工技術協会 関西支部 編

木材に関連する基礎的な科学として最も重要と考えられる樹木の成長、木材の組織構造、物理的な性質などを専門家によって基礎から応用まで分かりやすく解説した初学者向きテキスト。〔ISBN978-4-906165-46-9／A5判・156頁・定価1,937円〕

住まいのエコ・トータルプラン
楢崎正也 著

住まいの外部環境と室内環境を光・音・熱・空気環境から考える。アクティブシステム・パッシブシステムの双方を理解し、建物本体と暖冷房、照明などの設備によって作られる住居環境の「エコ・トータルプラン」を提唱する。〔ISBN978-4-86099-215-6／四六判・167頁・定価1,680円〕

● 直接ご注文される場合は、送料200円(1回のご注文につき、何冊でも可)を申し受けます。 ● 表示の定価は5％の消費税を含んでいます。
● 詳しくは小社HPで